재밌어서 밤새읽는
물리 이야기

재밌어서 밤새읽는

물리 이야기

사마키 다케오 지음 · 김정환 옮김 · 정성헌 감수

더숲

생각의 폭을 넓히는 재미있는 물리

내가 이 책을 쓴 데는 이유가 있다. 한마디로 독자 여러분에게 "물리는 재미있다!"는 말을 하고 싶어서다. 물리는 참으로 재미있고 매력적이며, 이 세계에서 일어나는 온갖 현상을 설명해준다. 그리고 사실 우리 주변 곳곳에는 물리의 개념과 법칙이 관여하고 있다.

내가 이 책에서 다룬 소재는 많은 사람이 중학교나 고등학교 저학년 때 배운 물리의 기초와 기본 개념이 주를 이룬다. 학교에서 가르치는 물리에 흥미를 느끼지 못하는 사람이 많은 이유는 무엇일까? 내용이 추상적이라 잘 실감이 나지 않아서, 무슨 얘기

인지 이해가 되지 않아서, 학교를 졸업한 뒤 우리의 생활이나 인생과는 아무런 상관도 없는 불필요한 지식이라서 등 여러 가지가 있을 것이다.

내 전문 분야는 초등학교와 중학교, 고등학교 저학년 학생들에게 과학을 가르치는 것이다. 원래 중학교와 고등학교의 과학 교사였다. 과학 교사로서 학생들을 가르칠 때 나의 신조는 '가족과 식사를 하면서 그날 배운 내용으로 이야기꽃을 피울 수 있는 수업을 하자.'였다. 학생들이 수업을 듣고 새로운 사실을 알게 되어 '도움이 됐다, 감동했다, 마음이 풍요해졌다, 생각만 해도 가슴이 두근거렸다……' 등의 기분을 느낄 수 있으면 좋겠다고 생각했다. 이 책은 그런 소망과 함께 소중히 간직해뒀던 이야기를 글로 정리한 것이다.

과학은 신비와 드라마로 가득한 이 세계의 비밀을 조금씩 밝혀왔다. 자연이라는 세계의 문을 조금씩 열고 있는 것이다. 물론 아직 밝히지 못한 부분도 있지만, 알게 된 것도 많다. 과학 교육의 전문가로서 이렇게 알게 된 것들의 기초와 기본 중에서 주제를 선택해 소개하고 독자들에게 "이것 봐. 한 걸음 더 나가서 여기까지 생각하면 참 재미있지!?"라고 이야기하는 것이 내 바람이다.

따라서 독자 여러분이 이 책을 읽고 '이 경우는 어떨까?', '저 경우는 어떨까?'라는 새로운 의문이 샘솟는다면 내 시도는 성공한 셈이다. 가령 〈지구를 관통하는 구멍에 공을 떨어뜨리면?〉이라는 장에서는 런던과 뉴욕 사이에 진공 튜브 열차를 운행하는 구상으로 끝을 맺었다. 이는 공기의 저항이나 마찰이 없다면 이론상으로는 중력만으로 열차를 달리게 할 수 있다는 뜻이다.

이 이야기를 읽은 독자 여러분이 '그렇다면 진공 튜브 열차는 실제로 시도되고 있을까?' 혹은 '단거리일 경우 열차를 높은 곳으로 끌어올려 제트코스터처럼 아래로 달리게 한다면 모터나 엔진 같은 구동 장치가 필요 없이 아주 작은 에너지만 있으면 되는 교통 시스템을 만들 수 있을지도 몰라.' 하는 식으로 생각을 확대해가길 바란다.

나는 감동적인 과학, 마음이 풍요해지는 과학을 목표로 더욱 연구에 정진할 것이다.

사마키 다케오

『재밌어서 밤새 읽는 물리 이야기』의 감수를 맡으면서 이 책을 진짜 밤새 읽게 되었다.

10여 년 전 나도 아이들을 위해 쉽고 재미있는 물리 이야기를 쓰려고 기획했다가 여러 가지 사정으로 미루고 있었는데, 이번에 이 책을 접하게 되었다. 이 책은 한마디로 어려운 내용을 쉽고 재밌게 풀어낸 과학 교양서로서 손색이 없었다.

'1장 참을 수 없는 물리의 즐거움'에서부터 '2장 나도 모르게 이야기하고 싶어지는 물리' 그리고 마지막의 '잠도 잊고 읽게 되는 물리 이야기'까지, 이 책은 저자가 물리 분야에서 꼭 짚고 넘어가야 할 부분들을 자신의 교실 수업의 경험을 바탕으로 써내려간 알토란같은 내용들을 다루고 있었다.

우리 생활과 직접적으로 관련이 있는 빛, 열과 온도, 초고온, 초저온에서 시작하여 옛날 과학자들의 탐구 과정을 통하여 알아낸 '만유인력' '지구의 크기를 재는 방법'과 아이들에게 호기심과 창의적인 아이디어를 제공해준 '지구를 관통하는 구멍에 공을 떨어뜨리면'이나 '빨대로 하는 재미있는 과학놀이' 그리고 미래의 에너지를 고민해보는 기회를 주는 '인류는 영구기관을 꿈꾼다'까지 물리의 전반적인 내용을 골고루 담고 있는 책이다. 특히, 지구를 관통하는 구멍을 뚫는다는 발상이나 빨대로 여러 가지 실험을 해보는 이야기는 과학교사인 내게도 무척 흥미로운 접근이었다.

이 책을 감수하면서 일부, 단어와 단위표기를 현재 우리 교과서에서 사용하는 용어로 수정하였다. 예를 들어 스티로폼을 스타이로폼, g중이나 kg중을 gf(그램힘으로 읽음), kgf(킬로그램힘으로 읽음), 속도의 단위로 사용하고 있는 미터 퍼 초(m/s)는 미터 매초로 수정하였다. 그 밖에도 우리가 너무 오랫동안 관습적으로 사용해온 '무중력 상태'를 이 책에서 '무중량 상태'로 표현한 것에 대한 옮긴이의 설명은 정말 좋은 지적이었다. 그런 내용이 우리 교과서에도 하루빨리 수정·반영되었으면 한다.

이 책을 통해 물리가 우리 아이들에게 지루하고 어려운 교과 과목이 아니라, 세상에는 또 다른 흥미로운 세계가 존재한다는 것을 아는 계기가 되었으면 한다. '아이돌도 필요하지만 우리에겐 과학자가 더 많이 있어야 합니다'라고 어느 광고는 말하고 있지만, 그동안 아이들은 '아이돌의 세계'만큼 재미있는 물리의 세계를 만날 수 없었는지도 모른다. 이 책이 그런 아이들에게 또 다른 방의 문을 열어주는 열쇠가 되어주기를 바란다.

복주여자중학교 수석교사 / 이학박사 정성헌

1장 참을 수 없는 물리의 즐거움

2장 나도 모르게 이야기하고 싶어지는 물리

3장 잠도 잊고 읽게 되는 물리이야기

1

참을 수 없는
물리의 즐거움

빛이 없는 캄캄한 방에서도 주위가 보일까

 우리는 어떻게 물체를 볼 수 있을까?

우리가 가지고 있는 오감(五感) 중에서 촉각(만졌을 때의 감각)과 미각(맛을 봤을 때의 감각), 후각(냄새를 맡았을 때의 감각), 청각(소리를 들었을 때의 감각)은 대상과 직접 접촉함으로써 느끼는 감각이다. 이렇게 말하면 청각은 대상과 어떻게 접촉하는지 궁금한 사람도 있을 텐데, 바로 청각은 귀의 고막이 공기의 진동과 접촉함으로써 느낄 수 있다.

그렇다면 오감 중 나머지 감각인 시각(볼 때의 감각)은 어떨까? 시각은 보는 대상과 떨어져 있어도 느낄 수 있다. 사람들은 먼

옛날부터 이 사실을 신기하게 여겨왔으며, 고대 그리스의 철학자들도 본다는 행위의 원리에 관해 많은 고민을 했다.

우리는 어떻게 해서 사물을 '볼' 수 있는 것일까? 이에 대한 생각은 크게 두 가지로 나뉘었다. 첫째는 '빛의 유출설'이다. 우리의 눈에서 '시선'이라는 빛과 같은 것이 나와서 물체에 닿음으로써 물체를 볼 수 있다는 생각이다. 그리고 둘째는 '빛의 유입설'이다. 물체에서 나온 빛이 눈에 들어오기 때문에 보인다는 생각이다. 현대를 사는 우리로서는 마치 손을 뻗듯이 눈에서 '시선'이 날아가서는 물체를 잡아서 돌아온다는 빛의 유출설이 코미디처럼 느껴질 것이다. 그러나 렌즈의 상(像) 등을 알지 못했던 당시로서는 가령 거대한 산에서 나온 빛이 작은 눈 속으로 들어와 축소되어 또렷하게 비치는 현상을 빛의 유입설로 설명하기가 어려웠다. 또 거대한 산에서 나온 빛이 눈으로 들어오면 눈 속에 너무 많은 빛이 들어와 혼란을 일으킬 것이라고도 생각했으리라.

그래서 빛은 직선으로 움직이며 렌즈를 통해 굴절되어 스크린에 상을 만든다는 사실, 눈에는 렌즈나 스크린과 같은 역할을 하는 것이 있다는 사실이 확인된 뒤에야 빛의 유입설이 확립될 수 있었다.

극장에서 보이는 빛줄기의 정체

눈은 공처럼 둥근 모양이며, 렌즈의 역할을 하는 각막과 수정체, 빛을 느끼는 망막이 있다. 눈에 들어온 빛은 각막과 수정체를 통해 망막에 닿는다. 먼 곳에 있는 물체나 가까운 곳에 있는 물체를 볼 때는 수정체의 두께를 조절하며 초점을 맞춘다. 망막에는 뒤집힌 상이 비친다. 망막에는 수많은 시세포가 나열되어 있으며, 그곳에 빛이 닿으면 신경을 통해 뇌에 정보가 전달된다. 그러면 뇌가 그 정보를 처리해 망막에 비친 뒤집힌 상을 올바른 상으로 변환한다. 이렇게 해서 우리는 물체를 볼 수 있는 것이다.

그렇다면 먼지 등이 날아다니지 않는 빛 한 점 없는 캄캄한 방 안에서는 어떨까? 그런 방에서도 눈이 어둠에 익숙해지면 주위가 흐릿하게라도 보이게 될까? 아니다. 아무리 눈에 힘을 줘도 주위는 전혀 보이지 않는다. 진정으로 캄캄한 어둠, 빛이 전혀 없는 곳에서는 아무것도 보이지 않는다. 눈이 차츰 어둠에 익숙해져 주위가 보인다면 그곳에는 사실 조금이나마 빛이 있는 것이다.

이번에는 그 방 안에서 회중전등을 준비하자. 그리고 작은 구멍을 뚫은 종이로 회중전등을 덮어 가는 빛이 새어나오게 만든다. 그 가는 빛줄기가 여러분의 눈에서 1cm 앞을 가로지른다면 여러분은 그 빛줄기를 볼 수 있을까? 1mm 앞이라 해도 보이지 않는다. 빛이 눈 안으로 들어와야 볼 수 있기 때문이다. 앞에서 '먼지 등이 날아다니지 않는'이라는 조건을 달았는데, 여기에는 이유가 있다. 먼지가 날아다니면 먼지에 닿은 빛이 사방팔방으로 반사되면서 그 빛의 일부가 눈에 들어가 빛줄기가 보이게 되기 때문이다. 극장에서 빛줄기가 보이는 이유는 여기에 있다.

회중전등에서 나온 빛줄기가 벽 등에 닿으면 우리는 빛이 닿은 부분을 볼 수 있다. 벽에 닿은 빛이 이 방향 저 방향으로 반사되어 눈으로 들어오기 때문이다.

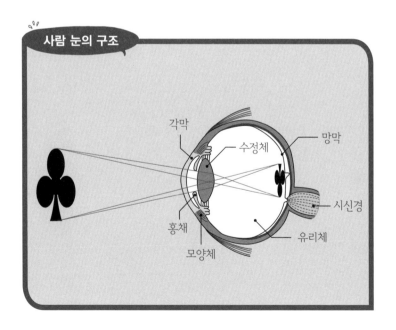

사람 눈의 구조

각막
수정체
망막
시신경
홍채
유리체
모양체

투명에는 두 종류가 있다

여러분은 SF영화 등에서 투명인간을 본 적이 있을 것이다. 투명인간은 과연 실현 가능할까?

투명이라고 하면 흔히 무색인 경우만을 생각하기 쉬운데, 투명이란 '반대편이 들여다보이는 것'이므로 색이 있는 투명(유색투명)도 있다. 다만 여기에서는 무색투명의 경우를 생각해보자.

영국의 SF 작가 허버트 조지 웰스(Herbert George Wells, 1866~1946)가 1897년에 발표한『투명인간』은 다음과 같이 시작된다.

괴물!

그렇다. 괴물이 틀림없다.

괴물이 아니고 무엇이겠는가? 요즘 같이 과학이 발달한 세상에 무슨 동양의 닌자도 아니고, 모습이 보이지 않는 사람이 있을 리가 없다.

말도 안 되는 소리다!

그러나 그 이야기는 사실이었다. 그 괴물은 처음에 외딴 시골에 나타났다. 그리고 얼마 후 이 마을 저 마을에도 출몰하기 시작했다. 물론 엄청난 소동이 벌어졌음은 말할 필요도 없다.

그 괴물은 모습이 전혀 보이지 않는다. 유리, 아니 공기처럼 투명해서 저편이 훤히 들여다보인다.

이 소설의 주인공은 실험 끝에 몸을 투명하게 만드는 약을 발명해 투명인간이 되었는데, 실제로 이런 투명인간은 존재하지 않는다. 그러나 생물 중에는 투명에 가까운 몸을 가진 것이 있다. 예를 들어 '글래스캣피시(Glass Catfish)'라는 담수어는 몸에 색소가 없어 머리 부분 이외에는 투명하기 때문에 뼈와 내장이 훤히 들여다보인다.

글래스캣피시

투명인간이 되려면 굴절률이 공기와 같아야

투명인간이 된다는 말은 몸 전체의 굴절률이 공기와 같아진다는 의미다. 만약 몸 전체의 굴절률이 물과 같아진다면, 물의 굴절률은 공기의 굴절률보다 훨씬 크기 때문에 또렷하게 인간의 형태를 띤 물과 같은 모습으로 보이게 된다. 따라서 완전히 보이지 않는 투명인간이 되려면 굴절률이 공기와 같아야 하는 것이다.

인간의 눈에는 렌즈의 역할을 하는 수정체가 있다. 수정체는 크리스탈린(Crystalline)이라는 투명한 단백질로 구성되어 있는데, 이 수정체의 굴절률은 물보다 아주 약간 클 뿐이다. 한편 각막과 유리체의 굴절률은 물과 같다. 공기 속을 날아온 빛은 수정체에서 굴절되어 망막 위의 세포에 상을 만드는데(빛을 흡수해 밝기의 신호와 색의 신호를 뇌에 전달한다), 만약 수정체 등의 굴절률이 공기와 같아지면 빛은 수정체와 망막 부분을 그대로 통과해버린다. 어떤 물체에서 반사된 빛이 눈으로 들어와도 눈은 물체의 모습을 인식하지 못한다는 말이다. 그러므로 설령 웰스가 쓴 소설의 주인공과 같은 투명인간이 된다 해도 매우 치명적인 약점을 지닌 투명인간이 되고 말 것이다.

물체가 보이지 않으므로 배가 고프면 어디에 음식이 있는지 손으로 더듬으며 찾아야 한다. 누군가가 음식을 주려고 해도 투명인간이니 어디 있는지 알 수가 없다. 우여곡절 끝에 음식을 먹어도 그 음식이 소화되는 모습까지 투명해지지는 않으므로 소화 과정이 그대로 보일 것이다.

수중 생물의 눈은 어떤 구조일까?

우리의 눈은 수정체만 물보다 굴절률이 아주 조금 클 뿐, 다른 부분은 물과 굴절률이 같다. 그래서 우리가 물속에 들어갔

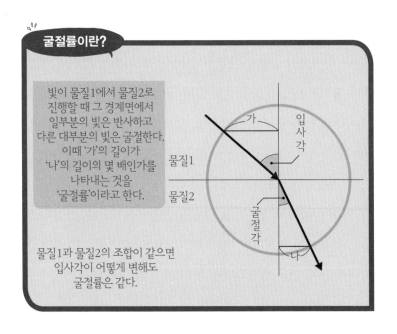

굴절률이란?

빛이 물질1에서 물질2로 진행할 때 그 경계면에서 일부분의 빛은 반사하고 다른 대부분의 빛은 굴절한다. 이때 '가'의 길이가 '나'의 길이의 몇 배인가를 나타내는 것을 '굴절률'이라고 한다.

가

입사각

물질1

물질2

굴절각

나

다

물질1과 물질2의 조합이 같으면 입사각이 어떻게 변해도 굴절률은 같다.

을 때 눈이 물에 닿으면 망막보다 뒤쪽에 초점이 생기므로 망막에 비치는 상은 흐릿해진다.

그렇다면 수중 생물의 눈에 있는 수정체는 어떤 구조일까? 만약 수중 생물의 수정체가 물과 굴절률이 같다면 상을 맺기가 어려울 것이다. 예를 들어 물고기의 눈은 어떻게 되어 있을까? 물고기의 수정체는 구형(球型)으로 되어 있어 굴절률이 훨씬 크다. 오징어의 눈에 있는 수정체도 모양이 구형에 가깝다. 생선 요리를 먹을 때 생선의 눈을 잘 보면 구형임을 알 수 있다. 참고로, 카

	굴절률
공기	1
물	1.33
각막	1.37
수정체	1.43
유리체	1.33

메라의 어안(魚眼) 렌즈는 물고기가 수면 아래에서 수면 위의 풍경을 보면 이렇게 보일 것이라는 데서 착안한 이름일 뿐이다. 물고기의 눈에 물속 세상도 어안 렌즈로 찍은 사진처럼 보이지는 않는다.

우리의 눈과 물고기의 눈은 초점을 맞추는 방식도 다르다. 우리는 수정체를 두껍게 하거나 얇게 하면서 초점을 맞추지만, 물고기는 구형을 유지한 채 수정체의 위치를 앞뒤로 움직여서 초점을 맞춘다. 원래 구형 렌즈는 가장자리의 굴절률이 커져서 상

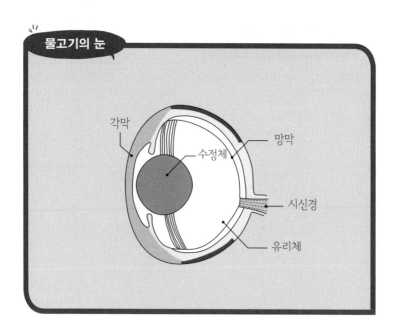

각막

수정체

망막

시신경

유리체

의 초점이 잘 맞지 않는데, 물고기의 경우 수정체의 재질이 중심
에서 가장자리로 갈수록 굴절률이 작아진다. 중심과 가장자리
의 재질이 다른 것이다. 이렇게 해서 상의 왜곡을 줄인다. 이것은
오징어 등의 연체동물도 마찬가지다. 물고기나 오징어의 눈이
튀어나온 데는 이런 이유가 있는 것이다. 참 신기하고 재미있지
않은가?

　우리는 물속에 잠수할 때 평평한 유리가 부착된 마스크를 쓴
다. 그렇게 되면 빛이 마스크의 공기층을 지나 눈으로 들어오기

때문에 뭍에 있을 때와 마찬가지로 망막에 상을 또렷하게 맺을 수 있다.

빛의 굴절현상은 왜 생길까

태양 빛이 삼각 프리즘을 통과하면……

예전에는 중학교 과학 시간에 빛에 대해 공부할 때 으레 프리즘을 사용했다. (일본에서는 얼마 전부터 교과서에서 프리즘 실험 과정이 사라졌다. 우리나라의 경우는 중2 과학 교과서 '빛의 성질' 부분에 프리즘 실험이 나와 있다. -옮긴이) 프리즘은 유리 등의 투명한 재료로 만든 빛을 통과시키는 삼각기둥 모양의 블록이다. 프리즘에 빛을 통과시키면 빛이 굴절된다. 불을 붙인 양초를 프리즘으로 관찰하면 양초에서 나온 빛이 프리즘에서 굴절되면서 꼭지각만큼 이동해서 보이게 된다.

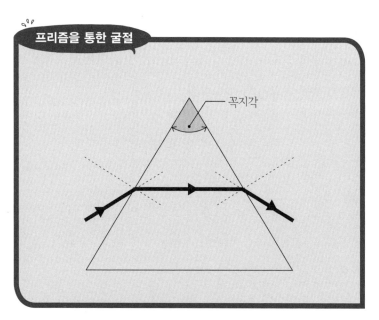

꼭지각

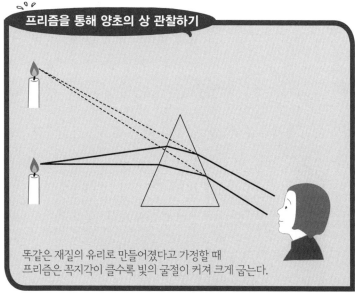

똑같은 재질의 유리로 만들어졌다고 가정할 때
프리즘은 꼭지각이 클수록 빛의 굴절이 커져 크게 굽는다.

같은 재질의 유리로 되어 있다고 가정했을 때, 프리즘은 꼭지각이 클수록 빛의 굴절이 커져 크게 굽는다. 반대로 꼭지각이 작아지면 빛의 굴절이 작아져 작게 굽는다.

빛의 모으기와 퍼뜨리기

양면이 구면으로 가공된 투명체. 이것이 렌즈다. 한쪽은 구면이고 다른 한쪽은 평면인 경우도 있지만, 여기에서는 양면이 똑같은 구면인 렌즈를 소개하겠다.

중앙이 주위보다 튀어나온 렌즈가 볼록 렌즈, 중앙이 주위보다 들어간 렌즈가 오목 렌즈다. 볼록 렌즈는 빛을 모을 수 있어서 '집광 렌즈'라고 부르며, 오목 렌즈는 빛을 넓게 퍼뜨리므로 '발산 렌즈'라고 부른다.

프리즘은 빛을 굴절시키는 작용을 하는데, 렌즈는 프리즘이 잔뜩 모인 물체라고 생각할 수 있다. 볼록 렌즈는 가운데가 두껍도록 수많은 프리즘이 모인 것, 오목 렌즈는 가운데가 얇도록 수많은 프리즘이 모인 것이다. 옆의 그림처럼 가, 나, 다, 라에서 굴절되는 정도는 꼭지각이 큰 '가'가 가장 크며, 다음이 '나', 그다음이 '다'다. '라'에서는 거의 양면이 평행한 판이 되므로 광선의 굴절을 생각할 필요가 없다.

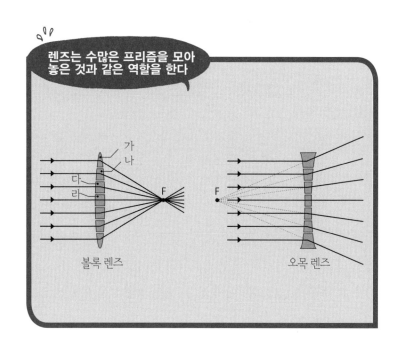

렌즈는 수많은 프리즘을 모아 놓은 것과 같은 역할을 한다

볼록 렌즈

오목 렌즈

형광등의 빛도 모을 수 있을까?

아는 사람도 많겠지만, 검게 칠한 종이에 돋보기로 태양 빛을 모으면 연기가 나다가 결국은 불이 붙는다. 빛이 모인 점을 초점(焦點)이라고 한다. 태양 빛을 볼록 렌즈로 모으면 이 점에 위치한 검은 종이가 '그을리기(焦)' 때문이다.

그렇다면 가늘고 긴 형광등의 빛을 볼록 렌즈로 모을 경우 초점은 어떤 모양이 될까? 태양 빛을 모을 때와 마찬가지로 작고 둥근 원일까? 돋보기 같은 볼록 렌즈를 가지고 있다면 한번 실험해보기 바란다. 빛을 모으려 하면 선명한 상이 생긴다. 형광등 모양의 상이다. 형광등에서 빛이 나오는 부분과 똑같은 상이 생기는 것이다.

그렇다면 전구의 빛을 모으면 어떻게 될까? 전체가 우윳빛 유리인 전구의 경우는 초점에 그 전구의 모양이 비친다. 또 투명해서 필라멘트가 보이는 전구는 빛을 내고 있는 필라멘트의 모양이 선명하게 비친다. 이것을 보면 태양 빛을 모았을 때 생기는 작고 둥근 점이 사실은 태양의 상이었음을 알 수 있다. 만약 일식으로 태양이 가려졌을 때 볼록 렌즈로 태양 빛을 모으면 일그러진 상이 비친다.

또 달빛을 모아보면 어떻게 될까? 달은 스스로 빛을 내지 못하며, 태양 빛의 반사광이 우리의 눈에 들어와 빛을 내는 것처럼 보인다. 태양 빛보다는 훨씬 약하지만 볼록 렌즈로 달빛을 모아 보자. 반달은 반달 모양, 초승달은 초승달 모양의 상이 생길 것이다.

달이 뜬 밤에 실험해보기 바란다.

우리에게는
보이지 않는
빛

가시광선은 '빨주노초파남보'

백색광을 프리즘에 통과시키면 빛의 색이 무지개처럼 나뉜다.

우리가 눈으로 볼 수 있는 빛인 '가시광선'이 일곱 가지 색의 요소로 구성되어 있음을 연구를 통해 최초로 밝혀낸 사람은 영국의 아이작 뉴턴(Isaac Newton, 1642~1727)이다. 1666년에 뉴턴은 어두운 방에서 창에 작은 구멍을 뚫고 그 구멍으로 들어온 태양 빛을 프리즘에 비췄다. 그러자 프리즘을 통과한 빛이 빨간색부터 보라색까지 무지개와 같은 순서로 원래의 태양 빛보다 넓

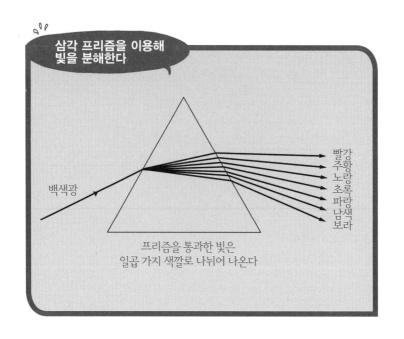

삼각 프리즘을 이용해 빛을 분해한다

백색광

빨강
주황
노랑
초록
파랑
남색
보라

프리즘을 통과한 빛은
일곱 가지 색깔로 나뉘어 나온다

게 펼쳐져 나왔다. 빨간색 광선은 보라색 광선보다 휘어지는 각
도가 작다. 요컨대 색이 다른 광선은 프리즘에 굴절되는 정도가
각기 다른 것이다.

　뉴턴은 이 보라색 빛, 빨간색 빛 등을 각각 다른 프리즘에 통과
시켜봤다. 그러나 어떤 색도 그 이상으로 분해되지는 않았다. 그
래서 그는 태양 빛의 가시광선이 빨간색과 주황색, 노란색, 초록
색, 파란색, 남색, 보라색이라는 요소로 구성되어 있는 것이 아닐
까 생각했다.

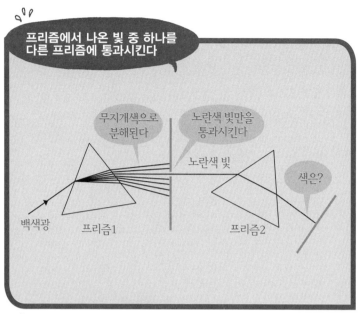

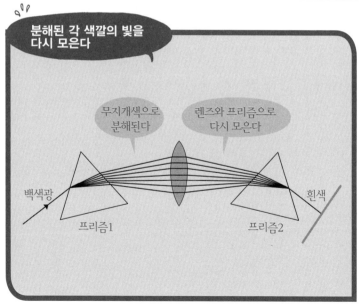

또 뉴턴은 프리즘을 지나며 일단 분해된 각 색깔의 빛을 볼록 렌즈로 모아서 다른 프리즘에 통과시켰다. 그러자 백색광, 즉 원래의 태양 빛으로 돌아왔다. 이 실험 결과 태양 빛 속에 있는 가시광선은 빨간색과 주황색, 노란색, 초록색, 파란색, 남색, 보라색이라는 요소로 구성되어 있음을 알았다.

무지개는 태양 빛이 대기 속의 물방울에 프리즘처럼 굴절된 결과 각 색깔의 광선으로 분해되어 나타나는 현상이다.

♪ 텔레비전이나 화장실에 이용되는 적외선

프리즘을 통과하며 분해된 빨간색에서 보라색까지 대역의 바깥쪽에도 무엇인가가 있을까? 사실은 있다고 해도 가시광선이 아니기 때문에 색을 볼 수가 없다. 빨간색 바깥쪽에 있는 적외선과 보라색 바깥쪽에 있는 자외선은 뉴턴의 실험으로부터 백 수십 년이 지난 1800~1801년에 발견되었다. 적외선은 물체를 따뜻하게 하는 성질이 있고, 자외선은 피부를 태우는 등 물체를 변화시키는 성질이 있다.

먼저 적외선에 관해 살펴보자. 적외선은 우리의 눈에 보이는 빨간색 빛보다 조금 파장이 긴 빛이다. 전기난로는 눈에 보이지 않는 적외선을 대량으로 방출한다. 사실 지구상의 물체는 전부 적외선을 방출한다. 우리의 몸도 적외선을 항상 방출하고 있다.

텔레비전의 리모컨을 누르면 멀리 떨어진 곳에서 채널을 바꿀 수 있는데, 이는 눈에 보이지 않는 적외선을 이용한 것이다. 라디오의 마이크 잭을 연결하는 소켓에 태양 전지(광전지)를 연결해 보자. 그러면 붕 하고 커다란 소리가 나는데, 이는 태양 전지가 형광등에서 나오는 빛(50헤르츠 혹은 60헤르츠)을 받았기 때문이다. 다음에는 형광등을 끄고 텔레비전 리모컨의 스위치를 눌러 신호를 태양 전지에 맞혀보자. 통통 또는 뚜뚜 하는 소리가 들릴 것이다. 이것은 리모컨에서 나온 적외선 신호가 태양 전지에서 전류로 바뀌어 소리가 되었기 때문이다. 리모컨은 신호 속의 커스컴 코드라는 부분을 통해 업체와 기종, 채널 등 여러 가지 정보를 구별하도록 신호를 보낸다. 그러면 텔레비전은 그 신호를 내장된 마이크로컴퓨터로 분석해 다양한 조작을 한다.

손을 가까이 대면 자동으로 물이 나오는 수도꼭지, 멀어지면 자동으로 물이 흐르는 변기 등도 적외선을 이용한 것이다. 사람의 몸에서 나오는 적외선의 증감을 감지하는 방식으로, 적외선의 증감에 따라 전류가 흐르는 성질을 지닌 '티탄산납'이나 '니오브산리튬' 같은 세라믹*이 사용된다.

---

*   첨단소재로 고온에서 구워 만든 도자기, 유리, 시멘트 따위를 이른다.

자외선 B파는 피부암을 유발한다

자외선은 가시광선의 보라색 바깥쪽에 있으며, 보라색보다 파장이 짧은 빛이다.

피부가 햇볕에 노출되었을 때의 증상에는 두 종류가 있다. 선탠과 선번이다. 선탠은 멜라닌 색소가 생겨서 연갈색이나 갈색이 되는 것이고, 선번은 피부가 빨갛게 부어오르고 물집이 생기는 것이다.

자외선은 파장의 길이에 따라 자외선 A파(장파장 자외선)와 자외선 B파(중파장 자외선), 자외선 C파(단파장 자외선)로 나눌 수 있다. 이 가운데 자외선 C파는 대기의 오존층에 흡수되어 지표면에는 도달하지 못하므로 일상생활에서는 걱정할 필요가 없다. 한편 자외선 A파와 자외선 B파는 지상까지 도달한다. 이 자외선을 쬔 지 몇 시간 뒤부터 피부가 빨개지고 6~48시간 뒤에 통증이 나타나는 것이 선번이며, 이것은 병적 화상이다. 자외선 B파가 진피의 얕은 부분까지 도달한 결과 염증을 일으키고 모세혈관이 확장되어 피부가 빨개지는 것이다. 심할 때는 발열이나 물집이 생기고 고통스러운 일광 피부염이 된다.

한편 자외선을 쬔 지 2~3일 뒤에 멜라닌 색소의 침착이 보이는 것은 선탠으로, 이는 자외선 A파가 표피의 색소 세포인 멜라노사이트를 자극해서 일어난다. 자외선에 자극을 받은 멜라노

사이트는 자외선을 흡수해 세포를 보호하는 작용을 하는 멜라닌 색소를 많이 만들어 표피의 다른 세포에 고루 분배한다. 그리고 진피의 깊은 곳까지 도달해서 콜라겐 등에 영향을 줘 깊은 주름 등 광노화의 원인이 되는 것도 자외선 A파다. 또한 자외선을 쬐고 3~8일 뒤에 피부가 벗겨질 때도 있는데, 이것은 자외선 B파가 원인이 되어 선번이 일어난 증거다.

예전에는 건강을 위해 피부를 태우라고 장려했지만 최근에는 프레온 가스 등이 오존층을 파괴함에 따라 지표면에 도달하는 자외선이 강해졌으며, 그 결과 특히 남반구에서는 피부암에 걸릴 위험성이 높아져 문제가 되고 있다. 이는 주로 자외선 B파가 피부 세포의 DNA를 손상시키기 때문이다. 이런 피부의 손상은 대부분 복구되지만, 자외선이 강할수록 피부암의 위험성이 높아진다.

국제암연구기관(IARC)이 인간에 대한 발암성을 인정한 '그룹1'에는 담배 연기와 감마선 등의 방사선이 포함되어 있는데, 자외선을 발생시키는 선탠 기계도 2009년 7월 29일에 추가되었다.

담배나 선탠 기계에서도 방사선이 나온다니······

열과 온도는 어떻게 다를까

발포 스타이로폼판과 철판의 온도

실내 온도가 25℃인 방에 테이블이 놓여 있다. 그 테이블 위에 발포 스타이로폼판과 철판을 놓고 1~2시간 후 둘의 온도를 측정해보았다. 각각의 온도는 어떻게 될까?

여러분은 다음 예시 중 어느 것이 옳다고 생각하는가?

가. 양쪽 모두 방 안의 공기와 같은 온도가 된다.

나. 발포 스타이로폼판은 방 안의 공기보다 온도가 높아진다.

다. 철판은 방 안의 공기보다 온도가 높아진다.

발포 스타이로폼판과
철판에 손을 대본다

철판

발포 스타이로폼판

손으로 만져보면 철판이 차갑게 느껴진다. 그러나 실제로 온
도를 재어보면 온도는 양쪽 모두 같다. 즉 정답은 '가'다.

온도가 높은 물체와 온도가 낮은 물체를 맞대면 온도가 높은
물체는 온도가 떨어지고 온도가 낮은 물체는 온도가 올라가 양
쪽의 온도가 똑같아진다. 온도가 높은 쪽에서 낮은 쪽으로 '무엇
인가'가 이동해 같은 온도가 되었다고 생각할 수 있다. 그 '무엇
인가'를 우리는 '열'이라고 부른다. 그리고 온도가 같아져 열의
이동이 멈춘 상태를 "열평형 상태가 되었다."라고 말한다. 방 안

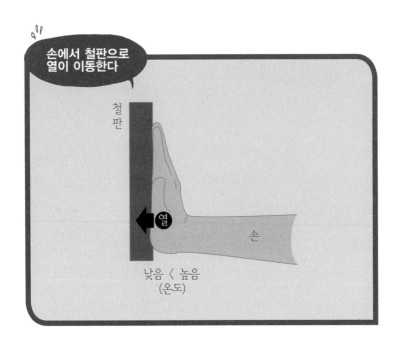

에 있는 발포 스타이로폼과 철판은 모두 접촉하고 있는 테이블이나 주위의 공기와 열평형이 되어 같은 온도가 된 것이다.

그러나 두 판에 손을 댔을 때의 느낌은 다르다. 25℃는 사람의 체온보다 낮은 온도다. 사실 실내 온도가 체온보다 높은 경우는 거의 없지만, 어쨌든 온도가 높은 사람의 손과 온도가 낮은 철판이 닿으면 열은 손에서 철판으로 이동한다. 게다가 금속은 일반적으로 열전도율(열이 전달되는 속도)이 다른 물체보다 커서 열이 쉽게 전달된다. 이에 따라 열이 단시간에 사람의 손에서 금속으로 이동하면서 손의 온도가 크게 떨어지므로 손으로 철판을 만지면 차갑게 느껴지는 것이다. 한편 발포 스타이로폼판은 열이 잘 전달되지 않는 물질이다. 이는 그 속에 열을 잘 전달하지 않는 공기 기포가 잔뜩 들어 있기 때문이다. 발포 스타이로폼판은 철에 비해 단열성이 있어서 단시간에 열이 도망가지 않기 때문에 손의 온도는 그다지 내려가지 않는다.

이와 같이 열은 온도가 높은 물체(사람의 손)에서 낮은 물체(판)로 이동한다. 그리고 이때 열이 얼마나 빠르게 이동하느냐는 물질의 성질에 따라 다르다. 만약 체온보다 온도가 높은 금속판을 만지면 뜨겁게 느껴진다. 이때는 금속판에서 손으로 열이 빠르게 이동해 손의 온도가 오르기 때문이다.

열의 전달은 원자·분자의 운동 때문

'열이 전달되는 현상'을 물체를 구성하는 원자·분자의 움직임이라는 관점에서 생각해보자.

물체를 구성하는 원자·분자는 끊임없이 운동을 한다. 온도가 높을수록 활발히 운동하며, 온도가 낮을수록 느리게 운동한다. 온도는 물체를 구성하고 있는 원자·분자가 얼마나 활발히 운동하고 있느냐를 나타내는 것이다.

고체인 물체의 원자·분자는 자신의 장소를 중심으로 진동, 즉 부들부들 떠는 운동을 한다. 격렬하게 진동하는 원자·분자의 집단과 그다지 움직이지 않는 원자·분자의 집단을 붙여놓으면 지금까지 움직이지 않았던 원자·분자의 집단도 움직이기 시작한다. 이것은 멈춰 있던 구슬이 움직이는 구슬에 부딪히면 그 충격에 움직이기 시작하는 것과 같은 원리다. 그때까지 별로 움직이지 않았던 원자·분자가 움직이기 시작한다는 것은 온도가 오른다는 의미다. 그리고 지금까지 활발하게 움직이던 원자는 반대로 움직임이 약해진다. 즉 온도가 내려간다.

이때 온도가 높은 쪽에서 낮은 쪽으로 열이 전달되는 것이다. 이것이 열이 전달되는 현상을 쉽고 간단하게 설명해주는 예다.

♪ 왜 금속은 열을 잘 전달할까?

금속은 그것을 구성하는 엄청난 수의 원자가 모여서 만들어진다. 금속의 원자 집단 속에는 어떤 원자에도 소속되지 않은 수많은 '자유 전자'가 존재한다. 자유 전자는 원자·분자보다 훨씬 작고 가벼운 입자로, 음(-)전하를 지니고 있다. 금속에서 전류가 잘 흐르는 이유는 전압을 가하면 자유 전자가 음극에서 양극에 이끌려 줄줄이 움직이기 때문이다. 요컨대 금속이 열을 잘 전달하는 이유는 가볍고 제멋대로 움직이는 자유 전자가 열을 운반하기 때문인 것이다. 발포 스타이로폼이나 나무 등은 자유 전자가 거의 없어서 서로 용수철에 연결된 듯이 진동하는 원자·분자의 움직임을 통해서만 열이 전달된다.

온도는 어디까지 높아지고 낮아질 수 있을까

초고온과 초저온

우리는 온도라는 개념을 친숙하게 사용하고 있다. 그렇다면 온도는 얼마나 높아지고 낮아질 수 있을까? 여기에서는 초고온과 초저온(극저온)을 소개하려 하는데, 그 전에 온도를 나타내는 섭씨란 무엇인지부터 살펴보자.

섭씨(攝氏)는 온도의 단위를 최초로 제창한 스웨덴의 안데르스 셀시우스(Anders Celsius, 1701~1744)의 중국어 표기(攝爾修斯)에서 첫 글자를 딴 것이다. 셀시우스는 1기압일 때의 물의 녹는점(고체와 액체의 경계 온도)과 끓는점(액체가 끓어서 기체가 되는 온도)을 각각

100℃, 0℃로 삼는 온도를 고안했다(1742년). 그러나 온도가 높은 쪽의 숫자가 더 작으면 어색하기도 해서 0℃, 100℃로 바뀌었다.

현재는 절대온도를 먼저 정의하고 이 절대온도를 사용해 셀시우스 온도를 정의한다. 구체적으로 살펴보면, 절대온도 1도는 물이 기체, 액체, 고체의 세 가지 상태로 공존할 수 있는 온도(이것을 물의 삼중점 온도라고 부른다)의 273.16분의 1이라고 정의한다. 숫자가 딱 떨어지지 않는 이유는 절대온도가 사용되기 전에 이미 널리 사용되고 있던 셀시우스 온도의 1도와 절대온도의 1도를 같은 크기로 맞추려 했기 때문이다.

그리고 셀시우스 온도는 절대온도에서 273.15를 뺀 온도로 정의되었다. 이 숫자도 딱 떨어지지 않는데, 이는 물의 녹는점과 끓는점이 각각 0℃, 100℃가 되도록 맞췄기 때문이다.

물체는 어디까지 차가워질 수 있을까?

고온에는 수천만 도, 수억 도, 수조 도 같은 무한히 높은 온도가 있다. 그러나 저온에는 영하 500℃나 영하 1,000℃ 같은 온도가 없다. 영하 273.15℃로 끝이며, 이보다 낮은 온도는 없다. 이것은 어째서일까?

온도는 물체를 구성하고 있는 원자와 분자가 얼마나 활발히

가장 낮은 온도	−273.15℃ (절대영도 0K (켈빈))
헬륨의 끓는점	−268.9℃
현재 우주 공간의 온도	−270℃
수소의 녹는점	−259.1℃
액체 질소의 끓는점	−196℃
액체 산소의 끓는점	−183℃
메탄의 녹는점	−182.48℃
달 표면 중 태양과 반대쪽의 온도	약 − 150℃
에탄올의 녹는점	−114.5℃
기온의 최저 기록	1983년 7월 21일, 남극의 보스톡 기지 (러시아)에서 기록한 − 89.2℃
드라이아이스(이산화탄소의 승화)	−78.5℃
휘발유의 인화점	−43℃ 이하
수은의 녹는점	− 38.842℃
시너류의 인화점	−9℃
물의 녹는점	0℃
메탄올의 인화점	−1℃
에탄올의 인화점	−3℃
지구의 평균 기온	−5℃
인간의 체온	36~37℃
인간 체온의 한계	42℃
새의 체온	40~42℃
최고 기온	1921년 7월 8일, 바스라 (이라크)에서 기록한 58.8℃
석유의 인화점	40~60℃
에탄올의 끓는점	78.3℃
물의 끓는점	100℃

달 표면 중 태양 빛을 받는 쪽의 온도	약 200℃
원자력 발전소의 증기 온도	약 280℃
참기름의 인화점	289~304℃
채종유의 인화점	313~320℃
신문지가 불타기 시작하는 온도	291℃
수은의 끓는점	356.58℃
화력 발전소의 증기 온도	약 600℃
용암의 온도	700~1,200℃
촛불의 불꽃	1,400℃
가스 터빈	약 1,500℃
에탄올의 불꽃	1,700℃
수소의 불꽃	1,900℃
디젤 엔진이나 가솔린 엔진의 연소 온도	약 2,500℃
수소+산소의 불꽃 (산수소염)	2,800℃
탄화탄탈이 녹는 온도(물질 중 최고 녹는점)	3,983℃
아세틸렌+산소의 불꽃	3,800℃
백열전구 필라멘트의 온도	2,400~2,500℃
히로시마 원폭 (1초 후)의 표면 온도	5,000℃
텅스텐(전등의 필라멘트에 사용되는 금속)의 끓는점	5,555℃
태양의 표면	약 6,000℃
시리우스의 표면	10,000℃
원자폭탄	수천만℃
태양의 중심	1,400만℃
핵융합로의 플라즈마 온도	1억℃
중이온 충돌형 가속기 'RHIC' (금의 원자핵을 빛의 속도에 한없이 가까운 속도로 서로 충돌시켜 초고온 상태를 실현한 그 반응 초기 온도)	약 4조℃

운동하는가(원자·분자의 운동 에너지)를 나타낸다. 고체의 온도가 높다는 말은 그 물체를 구성하고 있는 원자·분자가 격렬히 진동하고 있다는 뜻이다. 기체의 경우는 분자가 엄청난 속도로 날아다니므로 분자의 속도가 빠를수록 온도가 높아진다.

고온에 한계가 없는 이유는 분자나 원자가 얼마든지 격렬하게 움직일 수 있기 때문이다. 요컨대 영하 273.15℃가 저온의 한계인 까닭은 모든 원자·분자가 정지한 상태이기 때문이다. 그래서 이 이상 낮은 온도는 있을 수가 없는 것이다.

물이 어는 온도를 기준으로 삼는 섭씨온도보다 이 최저 온도를 0℃로 삼는 방식으로 표시하는 것이 더 합리적이다. 이 온도 표시 방법을 절대온도라고 하며, 바론 켈빈(William Thomson, 1st Baron Kelvin, 1824~1907)이라는 과학자의 머리글자를 따서 K(켈빈)로 표시한다. 눈금의 간격은 섭씨온도와 같다.

이와 같은 극저온에서는 신기한 현상이 일어난다. 일반적으로 금속은 종류에 따라 다르기는 하지만 전기 저항을 지니고 있다. 그런데 극저온에서는 대부분의 금속에서 전기 저항이 사라진다. 또 액체 헬륨은 극저온인 2.2K 이하가 되면 '초유동(超流動)'이라는 현상을 일으킨다. 초유동은 액체 헬륨이 용기의 벽을 타고 올라가 넘쳐흐르거나 일반적인 액체는 통과하지 못하는 좁은 틈새를 통과하는 등의 신기한 현상이다. 이것은 일반적인 액체가 가지고 있는 점성 저항*이 소실되기 때문으로, 원인은 헬륨이 보스(bose) 입자**라는 데 있다.

냉장실과 냉동실은 몇 도일까?

더운 계절에는 나도 모르게 냉장고 문을 열고 찬 음료를 마시고 싶어진다. 가정에서 음식 등을 차게 식혀주는 중요한 역할을 하는 전기냉장고. 전기냉장고의 내부에서는 냉매(프레온 등)가 파이프 속을 빙글빙글 돌고 있다. 압력이 가해져 액체가 된 냉매가 기체가 될 때 기화열을 빼앗아 내부를 차게 식히는 것이다. 냉장고에는 냉동식품 이외의 식품을 저장하는 냉장실만 있는 제품과 냉동식품을 저장할 수 있는 냉동실도 갖춘 제품이 있다. 후자는 냉동냉장고라고 부른다. 여기서는 냉동냉장고에 관해 생각해보자.

냉장실과 냉동실은 온도가 크게 다르다. 냉장실에서는 물이 얼지 않지만 냉동실에서는 물이 꽁꽁 얼어붙는다. 여러분도 알

---

*   물체가 액체나 기체 등 유체 내에서 운동할 때 물체에 작용하는 마찰력으로 나타나는 저항력. 이때는 유체의 점성이 저항의 주요 원인이 된다.

**   보손(boson) 입자라고도 하며, 이것을 발견한 인도 물리학자 사티엔드라 나드 보스의 이름을 따서 붙여졌다. 우주에 존재하는 모든 물질이나 입자는 서로 떨어지려는 성질과 뭉치려는 두가지 성질이 있는데 이중 한 곳에 모이려는 성질의 입자를 이렇게 부른다.

다시피 물은 0℃에서 언다. 일반적으로 냉장실의 온도는 4℃, 냉동실의 온도는 영하 18℃로 설정되어 있다. 영하 18℃는 물이 어는 온도(빙점인 0℃)보다 18℃나 낮은 온도다.

냉장실의 역할은 식품을 차게 해서 세균(박테리아)이나 곰팡이가 번식해 상하는 것을 방지한다. 세균이나 곰팡이는 7℃ 정도부터 왕성하게 증식하며, 12℃가 되면 급격하게 증식하기 시작한다. 따라서 4℃로 설정하면 이러한 증식을 억제할 수 있다.

한편 냉동실은 동결된 냉동식품을 보존하기 위해 온도를 상당히 낮춘다. 가게에서 판매되는 냉동식품은 영하 18℃ 이하의 진열대에 진열되어 있는데, 이것을 다시 영하 18℃ 이하로 보존하는 곳이 냉동실이다.

냉동실의 얼음이 손에 달라붙는 이유는 무엇일까?

얼음의 온도는 몇 ℃일까? "당연히 0℃ 아니야?"라고 대답하는 목소리가 들리는 듯한데, 사실 얼음은 영하 273℃인 것부터 0℃인 것까지 있다. 드라이아이스로 냉각하면 대략 영하 78℃의 얼음이 되고, 냉동냉장고의 냉동실에 넣은 얼음은 영하 18℃ 정도다.

그렇다면 '얼음은 0℃'라는 것은 무엇을 의미할까? 예를 들어 영하 18℃인 얼음을 꺼내 온도가 20℃ 정도인 방에 놓아두면 얼음의 온도는 서서히 올라간다. 그리고 0℃가 되면 녹기 시작한다. 다 녹기까지는 계속 0℃다. 얼음이 녹기 시작하거나 액체인 물이 얼기 시작하는 온도가 0℃인 것이다.

　냉동실에서 꺼낸 얼음의 온도가 영하 18℃라고 가정하자. 이것을 손으로 잡으면 잡은 부분(얼음의 표면)이 따뜻해지며 온도가 오르고, 녹아서 물이 된다. 이때 손-물-얼음은 밀착되어 있다. 얼음의 대부분이 영하 18℃에 가까운 상태이므로 손의 열에 녹아 일단 물이 되어도 그 물이 영하 온도의 얼음에 냉각되어 다시 얼음이 되어버린다. 사람의 몸은 약 60%가 물이므로 영하 온도의 매우 차가운 물체에 닿으면 닿은 부분의 세포 내부에 있는 물이 얼어붙는다. 그리고 영하의 온도인 매우 차가운 물체에 달라붙어버린다.

　시베리아처럼 기온이 매우 낮은 곳에서는 철봉의 온도가 굉장히 낮아지기 때문에 그 철봉을 잡았다가 손을 떼려고 하면 얼어붙은 피부가 벗겨지는 일도 있다고 한다.

드라이아이스와 액화 탄산가스의 정체

아이스크림 등을 차게 보존하는 데 사용하는 드라이아

이스는 대략 영하 79℃의 매우 차가운 흰색 고체다. 세계 최초로 드라이아이스의 대량 생산에 성공한 시기는 1925년이다. 성공한 회사는 미국 뉴욕에 위치한 드라이아이스 코퍼레이션(Dry Ice Corporation)으로, '드라이아이스(건조한 얼음)'라는 이름도 이 회사가 붙였다.

드라이아이스는 이산화탄소(탄산가스)의 고체다. 이름처럼 액체 상태를 거치지 않고 기체가 된다. 고체에서 액체를 거치지 않고 기체가 되는 현상을 '승화'라고 한다. 화장실의 방향제나 장롱의 방충제가 조금씩 줄어드는 것은 승화가 일어나기 때문이다. 그리고 얼음도 승화한다.

예를 들어 냉장고에서 만든 얼음을 오랫동안 제빙 그릇에 방치하면 모서리가 없어지며 둥근 얼음이 된다. 이것은 얼음 표면에서 직접 기체가 되었기 때문이다. 드라이아이스는 일반적인 기압인 1기압(1,013헥토파스칼)의 5.2배가 넘는 높은 압력을 가하면 무색투명한 액체가 된다. 고압 용기인 봄베 안에서 이런 압력을 가해 액체로 만든 것이 '액화 탄산가스'다. 액화 탄산가스는 탄산음료나 냉동식품을 만들 때 활용된다. 생맥주 서버용 봄베의 표시를 확인해보기 바란다. 또 드라이아이스를 물에 넣었을 때 나오는 흰 연기는 드라이아이스의 알갱이나 이산화탄소가 아니다. 작은 물방울 또는 얼음 알갱이다.

산소를 차갑게 식히면 파란색 액체가 된다

공기는 부피를 기준으로 볼 때 질소 78%, 산소 21%, 아르곤 등 기타 기체 1%가 혼합된 기체다. 대충 질소 8에 산소 2의 비율인 셈이다. 그 공기를 차갑게 식히면 어떻게 될까?

기체는 좁은 곳에 밀어넣었다가 넓은 곳으로 개방하면 온도가 올라간다(단열 팽창). 이것을 반복하면 점차 온도가 낮아진다. 그러면 공기는 액체가 된다. 끓는점(액체가 끓어서 기체가 되는 온도)은 질소가 영하 196℃, 산소가 영하 183℃다. 액체가 된 공기를 조금 따뜻하게 덥히면 산소가 증발한다. 그 산소를 차갑게 식히면 액체가 된다. 이렇게 해서 액체 질소와 액체 산소를 만들 수 있다. 액체 질소는 무색투명하지만 액체 산소는 옅은 파란색이다.

영하 196℃의 액체 질소에 얼음을 넣어두면 그 얼음은 영하 196℃의 얼음이 된다.

수증기로 성냥불을 붙일 수 있을까?

물은 온도에 따라 모습이 변한다. 0℃ 이하가 되면 액체 상태를 유지하지 못하고 얼음이라는 고체의 모습으로 바뀐다. 또 100℃ 이상이 되면 액체 상태를 유지하지 못하고 기체(수증기)로 바뀐다.

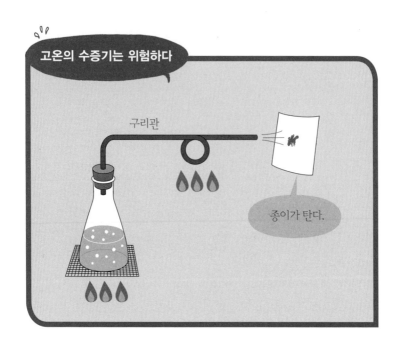

고온의 수증기는 위험하다

구리관

종이가 탄다.

수증기는 눈에 보이지 않는다. 하얗게 보이는 것은 물방울이다. 수증기는 물 분자가 흩어져 여기저기로 퍼지므로 보이지 않지만 얼음(고체인 물)이나 액체인 물은 물 분자의 거대한 집단이므로 눈에 보이는 것이다.

그렇다면 수증기의 온도는 몇 도일까?

실온에서도 세탁물이 마른다. 즉 물은 실온에서도 증발해 수증기가 된다. 방 안 수증기의 온도는 실온과 같다. 또한 방금 끓어서 생긴 수증기는 100℃에 가까울 것이다. 그 끓은 물에서 나온 수증기의 온도를 수백 도로 높일 수 있을까?

위의 그림과 같은 장치에서 플라스크의 물을 버너로 가열해 끓인다. 이때 생기는 수증기를 코일 모양의 구리 파이프에 통과시킨다. 그리고 구리 파이프를 버너로 가열하면 구리 파이프 끝에서 고온이 된 수증기가 나오는데, 눈에 보이지 않는 무색투명한 상태다. 그 수증기에 손을 대면 화상을 입으니 주의하자. 고온의 수증기는 매우 위험하다. 이어서 구리 파이프 끝에 성냥을 가까이 대보자. 수증기의 온도에 불이 붙는다. 곧바로 수증기에서 성냥을 빼내면 성냥이 불탄다.

다음에는 종이를 가까이 대보자. '아무래도 수증기니까 종이가 젖지 않을까?'라고 생각하는 사람도 있을 것이다. 그러나 이 수증기는 수백 도나 되는 고온이므로 100℃ 이하의 액체인 물로는 쉽게 돌아가지 않는다. 그래서 종이는 젖기 전에 눌어버린다. 불타오를 때도 있다.

물은 액체 헬륨으로 냉각하면 영하 268.9℃의 초저온 얼음이 되며, 수증기를 가열하면 수백 도의 수증기가 되는 것이다.

온도는 영하 273.15도 밑으로 떨어지지 않아.

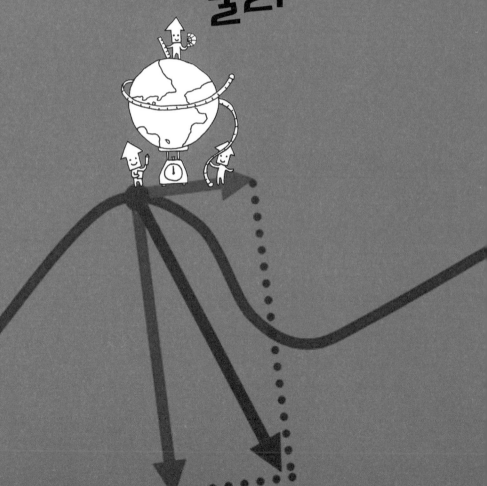

2

나도 모르게
이야기하고 싶어지는
물리

병뚜껑이
안 열릴 때는 뚜껑을
가열하라

☆ 레일에 이음매가 필요한 이유

철도의 레일은 철로 만들어졌다. 그래서 온도에 따라 레일의 길이가 달라진다. 여름에는 기온이 오르므로 레일이 늘어나 길어지고, 겨울에는 반대로 여름보다 레일이 짧아진다. 만약 레일과 레일 사이가 좁으면 여름에 온도가 올라갔을 때 레일이 팽창하면서 서로 밀어내 휘어지거나 어긋날 것이다. 그래서 레일을 깔 때는 온도에 따른 길이의 변화를 고려해야 한다. 레일이 휘어지거나 어긋나면 열차 바퀴가 레일에서 벗어나 탈선 사고 등이 발생할 수 있다.

또 전철을 탔을 때 들리는 덜컹거리는 소리는 레일과 레일의 이음매를 지나갈 때 나는 소리다. 레일과 레일의 간격을 너무 벌리면 움푹 파인 곳이 생겨 진동이 커지고 승차감이 나빠진다. 일반적으로 25m 레일이 많이 사용되는데, 여름에 온도가 높아지면 이음매의 나사를 세게 조이거나 레일 밑에 깔아놓은 밸러스트(자갈 부순 돌)를 다지는 등 레일이 휘어지지 않도록 점검해 탈선 사고를 방지한다.

참고로, 일본의 혼슈와 홋카이도를 연결하는 해저 터널인 세

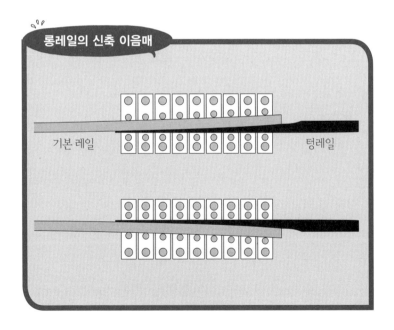

롱레일의 신축 이음매

기본 레일   텅레일

이칸 터널에 사용된 길이 52.6km의 롱레일(이음매가 없는 레일)은 세계에서 가장 긴 레일이다. 세이칸 터널 안은 일년 내내 온도나 습도가 거의 변하지 않으므로 레일이 늘어나거나 줄어들 걱정이 없기 때문이다.

또 신축 이음매를 설치한 롱레일 철도도 있는데, 특히 고속철도 등에 사용된다. 이 경우에는 소리가 거의 들리지 않는다. 신축 이음매는 앞의 그림처럼 이음매 부분을 아주 완만한 각도로 비스듬하게 겹쳐놓은 것을 말한다. 이때 레일을 직각으로 자르지 않고 사선으로 길게 잘라서 서로 대각선으로 마주보게 연결시켜놓는다.

말하자면 기존의 이음매와 달리 궤도 간의 간격을 유지하면서 사선으로 깎인 텅레일*이 바깥으로 늘어나는 방식이다. 기존의 레일처럼 레일과 레일의 틈새나 높이의 차가 없기 때문에 기차가 이음매 위를 매끄럽게 지나갈 수 있다.

레일의 길이는 여름과 겨울에 수십 센티미터나 차이가 나기도 하는데, 신축 이음매는 이 길이의 차이를 효과적으로 흡수한다. 그래서 승차감을 높여주며 소음을 완화시키는 효과가 있다.

---

*   Tongue rail, 분기점에서 길을 바꿀 수 있도록 된 레일. 기본 철길에 붙였다 떼었다 하여 기차가 지나갈 때 철길을 조정한다.

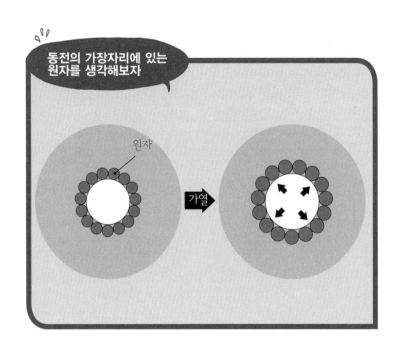

동전의 가장자리에 있는 원자를 생각해보자

원자

가열

☆ 구멍 뚫린 동전 가열하기

일본의 5엔 동전이나 50엔 동전처럼 구멍이 뚫린 동전을 불에 달구면 중심의 구멍은 어떻게 될까? 물체는 가열하면 부풀어오른다. 즉 팽창한다. 구멍 뚫린 동전도 열을 가하면 당연히 팽창한다. 동전의 금속 부분이 팽창하면 바깥쪽의 크기는 커진다. 한편 구멍이 뚫려 있는 부분은 금속이 아니므로 구멍의 방향으로도 팽창할 것 같다. 그렇다면 과연 동전의 구멍은 작아질까, 아니면 커질까?

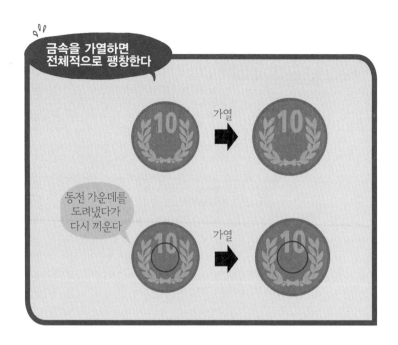

철사 같은 금속선에 열을 가하면 레일과 마찬가지로 늘어나 길이가 길어진다. 그 금속선을 둥근 원으로 만들어 가열해보자. 선이 늘어나면서 둥근 원의 지름이 커진다. 그렇다면 구멍 뚫린 동전도 이와 마찬가지로 구멍이 커질 것 같지 않은가?

그러면 이번에는 원자를 생각해보자. 동전도 당연히 원자로 구성되어 있다. 동전 같은 고체에서는 나열되어 있는 원자가 진동 운동을 한다. 동전을 가열하면 그 원자 하나하나가 격렬히 진동하며 운동 공간이 커진다. 운동 공간까지 포함하면 원자 하나

하나가 팽창한 것과 마찬가지가 되는 것이다. 가열을 하면 원자(그리고 각 원자의 운동 공간)는 하나하나가 팽창한다. 그러면 구멍 가장자리의 원자들은 구멍을 향해서는 팽창하지 못한다. 구멍의 바깥쪽을 향해서만 팽창할 수 있는 것이다. 요컨대 물체를 가열하면 그 물체는 바깥쪽으로 팽창한다. 그러므로 구멍 뚫린 동전을 가열하면 구멍은 커진다.

이것은 구멍이 없는 동전을 가지고도 생각할 수 있다. 열을 가하면 동전은 전체적으로 팽창한다. 이때 머릿속으로 다음과 같이 상상해보자. 동전의 중심을 동그랗게 도려낸 다음 그 도려낸 부분을 다시 끼운다. 그 상태로 가열하면 원래의 동전과 마찬가지로 전체가 팽창한다. 뜨거워진 동전의 중심에 끼워넣은 부분도 당연히 팽창한다. 이때 중심에 끼워넣은 부분을 빼보면 구멍은 커져 있다.

금속으로 만든 병뚜껑도 잘 생각해보면 구멍이 뚫려 있는 것이나 다름없다. 뚜껑이 안 열릴 때 뚜껑을 가열하면 잘 열리는 이유는 유리보다 금속 뚜껑이 더 팽창했기(즉 뚜껑의 구멍이 커졌기) 때문이다.

공기도 얇을수록 시원하다

☆

"호~."하고 부는 입김이 더 시원한 이유는?

입을 크게 벌려서 "하~." 하고 숨을 쉴 때와 입을 오므려서 "호~." 하고 숨을 쉴 때 각각 입 근처에 손을 대 비교해보자. 느껴지는 온도가 다를 것이다. "호~." 하고 부는 입김이 더 차갑게 느껴진다. 이것은 왜 그럴까?

공기의 온도(기온)가 30℃라고 가정하자. 30℃면 여름의 기온이다. 바람이 없을 때 덥다고 느끼는 기온이다. 이때 우리 몸의 표면(피부)은 움직이지 않는 공기층에 뒤덮여 있다. 이 움직이지 않는 공기층이 두꺼울수록 열은 잘 전달되지 않는다. 공기는 단열재다. 말하자면 우리는 '공기로 만든 옷'을 입고 있는 셈이다. 그래서 주위는 30℃로 체온(약 37℃)보다 낮지만 피부의 온도는 30℃가 아니라 그보다 더 높은 온도가 된다. 그런데 바람이 몸에 닿으면 움직이지 않던 공기층(공기로 만든 옷)이 얇아진다. 바람이 강할수록 공기층은 얇아진다. 바람이 없을 때는 공기층의 두께가 6mm 정도인데, 풍속이 초속 1m일 때는 1.5mm, 초속 10m일 때는 0.3mm가 된다. 참고로 선풍기의 풍속은 초속 3m 정도다. 요컨대 움직이지 않는 공기층이 얇아질수록 30℃의 공기에 몸이 식어 시원해지는 것이다.

"하~" 하고 입김을 불면 체온으로 더워진 숨이 나온다. 한편 입을 오므려 "호~" 하고 입김을 불면 입에서 나오는 숨뿐만 아니라 입 주위의 공기도 많이 섞여 들어온다. 따라서 입김에 섞인 공기의 온도가 가령 30℃라면 입김의 온도는 체온보다 낮아진다. "호~." 하고 입김을 불면 선풍기와 마찬가지로 움직이지 않는 공기층을 얇게 하는 효과가 있는 것이다.

음식을
1kg 먹으면
몸무게는
어떻게 될까

☆
30년간 몸무게 변화를 측정한 과학자

만약 음식을 1kg 먹는다면 먹기 전과 먹은 뒤의 몸무게
(질량)는 어떻게 될까?

• 음식물이 뱃속에 들어갔을 뿐이니 몸무게가 늘어날 리가 없다.

• 음식물은 뱃속에 들어가면 소화되므로 1kg이 다 늘어나지는

않지만 몇백 그램 정도는 늘어난다.

• 소화되든 흡수되든 전부 몸무게가 되어 1kg이 늘어난다.

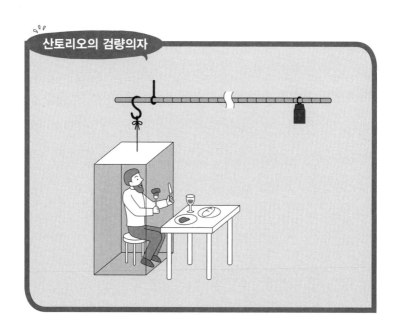

  흥미가 있는 사람은 직접 실험해보자. 간단하게 주스를 1kg 마시면 된다(다만 배탈이 날 수 있으니 주의하기 바란다). 마시기 전의 몸무게를 미리 재어놓고, 주스 1kg을 마신 뒤에 다시 몸무게를 잰다. 체중계의 눈금이 진정될 때까지 기다리자. 그러면 딱 1kg이 늘어났을 것이다. 여기까지는 당연하다고 생각할지 모른다.

  그렇다면 시간이 지난 뒤에는 어떻게 될까? 먹은 음식이 몸속에서 어떻게 되는지 알기 위해 몸무게의 변화를 조사한 사람이 있다. 바로 이탈리아의 산토리오 산토리오(Santorio Santorio, 1561

~1636)라는 과학자다. 산토리오는 검증을 위해 의자가 달려 있어 앉은 채로 몸무게를 잴 수 있는 커다란 천평칭을 설계해 만들었다. 이 검량의자는 소변과 대변의 무게(질량)도 잴 수 있는 장치다. 그는 30년 동안 그 천평칭의 의자에 하루 종일 앉아 먹고 마시고 대소변을 봤는데, 질량은 그때마다 변했다. 또 그는 음식물과 대소변의 질량도 전부 측정했다.

☆

소화된 질량의 행방은?

먹으면 먹은 만큼 질량이 늘어나고, 대소변을 보면 그만큼 질량이 감소한다. 그런데 대소변으로 빠져나간 양이 하루에 먹은 양보다 조금 적었다. 그렇다면 몸속에 들어간 음식의 질량에서 대소변의 질량을 뺀 만큼 몸무게가 늘어나야 할 것이다. 그러나 하루가 지나자 몸무게는 전날과 거의 똑같아졌다. 나머지 질량은 도대체 어디로 가버렸을까?

그는 다음과 같이 생각했다.

'몸속에 들어간 음식물의 일부는 사람의 눈에 보이지 않는 형태로 몸 밖으로 빠져나갔을 거야. 그래서 그 양만큼 몸무게가 덜 늘어난 거야.'

사람의 눈에 보이지 않고 몸 밖으로 나가는 것은 무엇일까? 그

것은 피부 표면에서 증발하는 수분이다. 가만히 있어도 우리의 피부 표면에서는 하루에 약 1L의 물이 대기 속으로 빠져나간다. 이것을 질량으로 환산하면 약 1kg이 된다. 땀을 흘리거나 소변을 보지 않아도 성인이라면 피부 표면이나 호흡기도를 통해 하루에 약 900mL의 수분이 증발한다. 이와 같은 수분 증발은 소변이나 땀 등과 달리 감각으로 느끼지 못하기 때문에 '불감증산(불감증설)'이라고 부른다.

요즘은 100g 단위까지 잴 수 있는 체중계를 가지고 있는 사람도 많을 텐데, 아침에 일어났을 때부터 하루 동안의 몸무게 변화를 측정해봐도 재미있을 것이다. 몸무게가 변화할 것 같은 행동을 한 뒤에는 '얼마나 변했을까?'라고 머릿속으로 예상하며 체중계에 올라간다. 기본적으로는 음식을 먹거나 마신 분량만큼 늘어나고 대소변을 본 만큼 줄어들지만, '목욕을 하면 어떻게 될까?', '자고 일어나면 어떻게 될까?' 등의 의문을 품고 측정해보면 여러 가지 흥미로운 발견을 할 수 있으니 꼭 해보기 바란다.

공기에도
무게가 있다

공기의 무게를 잰 갈릴레오 갈릴레이

지동설로 유명한 이탈리아의 과학자 갈릴레오 갈릴레이
(Galileo Galilei, 1564~1642)는 1638년에 출판한 『신과학대화』라
는 책에 공기의 무게(질량)를 측정한 결과를 기록했다. 그는 공기
가 빠져나가지 않도록 밸브를 단 가죽 주머니에 펌프로 공기를
채워넣었다. 이렇게 하면 주머니 부피의 몇 배나 되는 공기를 담
을 수 있다. 이렇게 해서 주머니의 무게를 잰 다음 밸브를 열어
공기를 밖으로 빼내고 다시 무게를 쟀더니 밖으로 빼낸 공기의
양만큼 주머니가 가벼워졌다.

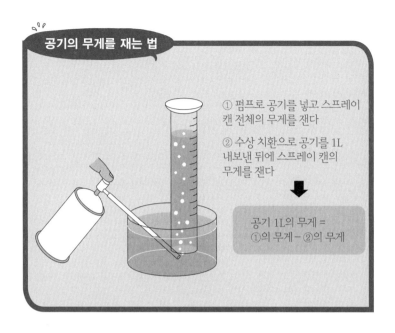

공기의 무게를 재는 법

① 펌프로 공기를 넣고 스프레이 캔 전체의 무게를 잰다

② 수상 치환으로 공기를 1L 내보낸 뒤에 스프레이 캔의 무게를 잰다

공기 1L의 무게 =
①의 무게 − ②의 무게

지금은 빈 스프레이 캔을 이용해 똑같은 실험을 할 수 있다. 빈 캔의 꼭지에 자전거 펌프의 주입구를 직접 연결하고 꼭지를 누르면서 공기를 주입한 뒤 스프레이 캔의 무게를 잰다. 다음에는 통에 물을 받고 여기에 물을 가득 채운 1L짜리 페트병을 거꾸로 세워 넣는다. 이제 그 페트병 안으로 스프레이 캔에 든 공기를 1L 내보내고 다시 스프레이 캔의 무게를 재면 공기 1L의 무게를 알 수 있다. 공기 1L의 무게는 약 1.2g이다.

☆ 교실의 공기를 전부 모으면 몇 그램일까?

공기 1L의 무게(질량)는 1.2g이었다. 최근 발행된 10원 동전 하나의 무게가 딱 1g이니까, 기체인 공기의 무게는 고체나 액체에 비해 가벼움을 알 수 있다.

학교 교실의 크기는 가로와 세로가 8m, 높이가 3m 정도 된다. 이런 일반적인 교실의 공기는 무게가 얼마나 될까?

교실의 용적을,

8 (m)×8 (m)×3 (m)=192 (㎥)라고 설정하자.

가로·세로·높이가 각각 1m인 정육면체의 부피 1㎥는 1,000L에 해당하므로(＊) 이 교실의 공기의 부피는 192×1,000L가 된다.

그리고 공기 1L의 무게가 1.2g이므로 전체의 부피를 알면,

전체의 무게=1.2g/L×전체의 부피(L)

=1.2g/L×192×1,000L

=230,400g = 230kg이 된다.

교실 정도의 공간에 있는 공기의 무게가 200kg이 넘는 것이다. '티끌 모아 태산'이라는 속담이 있듯이, 가벼운 공기도 많이 모으면 상당히 무거워진다.

(＊) 1L=1,000㎤ 이므로,

1 (m)×1 (m)×1 (m)

$=100 \,(\text{cm}) \times 100 \,(\text{cm}) \times 100 \,(\text{cm})$

$=1,000,000 \,(\text{cm}^3)$

$=1,000 \,(\text{L})$

만유인력과
질량은
어떤 관계일까

☆ 지역에 따라 중력이 다르다

세상의 모든 물체는 서로 끌어당긴다. 이렇게 물체끼리 서로 끌어당기는 힘을 만유인력이라고 부른다. 여기에서 '만(萬)'은 '온갖 것들', '유(有)'는 '가지고 있다.'라는 의미다.

만유인력은 17세기에 아이작 뉴턴이 발견했다. 모든 물체 사이에 서로 끌어당기는 힘(인력)이 작용하고 있다는 말은 예를 들어 책상이나 의자, 책, 공책 사이에도 인력이 작용하고 있다는 뜻이다. 책상과 의자 사이에도, 책상과 그 위에 있는 책 사이에도, 책과 공책 사이에도 인력이 작용하고 있다. 물론 우리와 주위의 물건 사이에도 인력이 작용하고 있다. 그러나 인력이 너무 약한 탓에 우리는 그 힘을 느끼지 못한다. 만유인력은 질량이 클수록 강해진다.

식으로 나타내면 다음과 같다.

(만유인력) = (만유인력 정수) × (질량1) × (질량2) ÷ (거리의 제곱)

만유인력에는 법칙성이 있어서, 질량이 큰 물체일수록, 가까이 있는 물체일수록 강하게 끌어당긴다. 가령 지구는 지상에 있는 물체에 비해 질량이 매우 크다. 그래서 지구와 지구상에 있는 물체는 강하게 서로를 끌어당긴다. 지구와 지구상의 물체 사이에 만유인력이 작용하기 때문에 지구는 지구상의 물체를 전부 지구의 중심 방향으로 끌어당긴다. 이것은 사람도 돌도 추도 마찬가지다. 그래서 물체는 받침이 없으면 아래로 떨어지는 것이다. 지구가 지구상의 물체를 지구의 중심 방향으로 끌어당기는 힘. 이것이 바로 중력이다.

지구만을 놓고 봐도 지역에 따라 중력의 크기가 다르다. 지구의 자전에 따른 원심력의 영향, 지구 전체가 균일한 성분이 아니라는 점, 중심까지의 거리가 다르다는 점 등의 원인이 되어 지역에 따라 중력이 다른 것이다.

그래서 중력의 균형을 이용해 무게를 재는 '저울'은 이 차이를 보정한다. 중력의 값에 따라 전국이 십수 개 블록으로 나뉘어 있으며, 각 지역의 계량 검정소가 '저울'을 검정한다. 그래서 '저울' 회사는 지역별로 보정한 다음 저울을 출고한다.

☆ 달에서는 몸무게가 약 6분의 1이 된다

달에 가면 우리의 몸무게는, 지구상에서 용수철을 이용한 체중계로 측정했을 때의 약 6분의 1이 된다. 달 표면의 중력은 지구상의 약 6분의 1밖에 안 되기 때문이다.

이것을 만유인력의 법칙을 통해 확인해보자.

지구는 반지름(적도 반지름)이 6,378km이고, 달의 반지름은 1,738km다. 또 지구의 질량은 '5.9742×10^{24}'kg이며, 달의 질량은 '7.3477×10^{22}'kg이다. 몸무게가 60kg인 사람이 지구상에서 받는 만유인력과 달 표면에서 받는 만유인력의 비(달에서의 만유인력÷지구에서의 만유인력)는 다음 식과 같다. 즉 지구에서의 중력이 1일 때 달에서의 중력은 0.1656밖에 안 된다. 약 6분의 1이다. 그래서 달에서는 커다란 우주복을 입어도 가뿐하게 점프할 수 있는 것이다.

$$\frac{7.3477 \times 10^{22}}{1738000^2} \div \frac{5.9742 \times 10^{24}}{6378000^2} = 0.1656$$

☆ 지구와의 만유인력은 곧, 중력

지구상의 물체는 어디에 있든 지구의 중심 방향으로 잡아당겨진다. 이 책이 이 페이지가 펼쳐진 채로 책상 위에 놓여 있다고 가정하자. 이 페이지의 '아래'는 어디일까? 여러분은 이 페이지의 페이지 수가 적혀 있는 곳이 '아래'라고 생각할 것이다. 진짜 '아래'는 펼쳐진 책의 지면(紙面)과 수직을 이루는 지구의 중심 방향이다. '위'는 그 반대 방향이다.

어떤 물체를 들어올렸다가 손을 떼면 그 물체는 아래로 떨어진

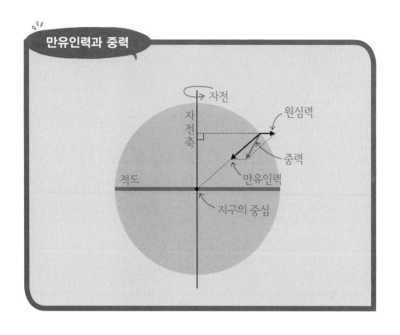

만유인력과 중력

자전

자전축

원심력

중력

만유인력

적도

지구의 중심

다. 이것은 지구 반대편에 있는 남아메리카나 남쪽에 있는 오스트레일리아에서도 마찬가지다. 지구상의 어디에서나 물체는 지구의 중심 방향, 즉 아래 방향의 중력을 받고 있다. 중력은 정확히 말하면 지구상에 정지해 있는 물체가 받는 힘으로, 지구의 만유인력과 지구의 자전에 따른 원심력이 합쳐진 힘이다. 원심력은 적도상에서 최대가 되는데, 그렇다고 해도 인력의 약 290분의 1에 불과하다. 또 중력이라는 말을 만유인력의 의미로 사용할 때도 많으므로 '지구와의 만유인력=중력'이라고 생각해도 무방하다.

모호한 '무게' 대신 '질량'과 '중량'을 사용하자

우리가 일상생활에서 '무게'라는 말을 사용할 때는 질량을 의미하는 경우도 있고 힘을 의미하는 경우(물체가 받는 중력의 크기)도 있으며 어느 쪽이든 상관없는 경우도 있다. 초등학교 과학 교과서에서는 '무게'를 질량의 의미로 사용했지만, 중학교 이후의 과학 교과서에서는 '물체가 받는 중력의 크기'라는 의미로 사용했다. 일상생활에서 사용할 때의 의미와 다르므로 혼란을 피하기 위해서는 모호한 '무게' 대신 질량과 중량을 사용할 것을 권한다.

질량은 물체가 지니고 있는 어디에서나 변하지 않는 양이다. 단위는 그램(g)이나 킬로그램(kg) 등이다. 질량이 100g인 물체는 어디에서나 100g이며, 지구상이든 우주선 안에서든 변하지 않는다. 어떤 사람의 몸무게, 즉 질량으로 50kg이라면 우주선 안이나 달에서도 50kg이다. 몸을 구성하고 있는 원자의 수와 종류는 변하지 않으므로 질량은 어디에서나 똑같은 것이다.

그런데 우주선 안이나 달의 중력은 지구상보다 작으므로 실질적인 양, 즉 질량은 달라지지 않지만 중량(몸무게)은 지구상에 있을 때보다 훨씬 가벼워진다.

1N은 100g의 물체가 지구에서 받는 힘

국제단위계(SI)에서는 만유인력을 발표한 뉴턴의 이름을 따서 힘의 크기를 나타내는 단위로 뉴턴(N)을 사용한다. 예전에는 중학교 과학 시간에 '그램힘(gf)이나 '킬로그램힘(kgf)'을 사용했는데, 10년 전부터(우리나라의 경우도 공식적으로 N을 힘의 단위로 표기하지만, 중학 교과서에는 부수적인 개념을 설명할 때 gf과 kgf을 설명한다.-옮긴이) '뉴턴'으로 통일되었다.

국제단위계는 각종 단위계로 나뉜 미터법 단위를 정리해 기본 단위와 보조 단위, 조립 단위, 그리고 이들 단위의 배수·분수 단위를 하나로 정리한 단위계다. 미터(m, 길이), 킬로그램(kg, 질량), 초(s, 시간), 암페어(A, 전류), 켈빈(K, 온도), 칸델라(cd, 광도), 몰(mol, 물질량)의 일곱 가지가 기본 단위이며, 라디안(rad, 평면각)과 스테라디안(sr, 입체각)이 보조 단위다.

1N은 질량이 거의 100g인 물체가 지구상에서 받는 중력의 크기다. 좀 더 정확히는 질량 102g인 물체가 지구에서 받는 중력의 크기다. 즉 질량이 1kg인 물체의 중량은 9.8N이 된다. 따라서 질량 $x$kg인 물체의 중량(N)은 '9.8N/kg×$x$kg(질량)'으로 계산할 수 있다.

가령 질량이 0.1kg인 물체의 중량은 9.8N/kg×0.1kg=0.98N이 된다.

그리고 질량이 10kg인 물체의 질량은 9.8N/kg×10kg=98N 이 되는 것이다.

☆
우주 정거장의 무중량 상태는 어떻게 만들까?

여러분은 국제 우주 정거장(ISS) 안에서 우주 비행사나 물체가 둥둥 떠다니는 모습을 텔레비전에서 본 적이 있을 것이다. 그것이 무중량 상태(무중력 상태와 같은 뜻인데, 무중력 상태라고 하면 '중력'이 없는 상태로 오해할 수 있어 무중량 상태라는 표현을 쓰곤 한다.—옮긴이)다. 그렇다면 국제 우주 정거장 안은 어떻게 무중량 상태가 된 것일까? 지구에서 멀리 떨어져 있어서일까? 국제 우주 정거장이 돌고 있는 위치는 지구에서 약 400km 높이다. 지구를 1억분의 1로 축소해 그 높이를 나타내보자.

지구는 지름이 약 1만 3,000km인 구이므로 1억분의 1로 축소하면 지름이 13cm가 된다. 이렇게 바꾸면 국제 우주 정거장은 그 13cm로 축소된 지구의 표면으로부터 0.4cm 상공에 있을 뿐이다.

(만유인력)=(만유인력 정수)×(질량1)×(질량2)÷(거리의 제곱)에 따라 중력은 거리의 제곱과 반비례하는데, 지구에서 이 정도 떨어진 수준으로는 중력의 크기가 지상에 비해 겨우 10% 줄어들 뿐이

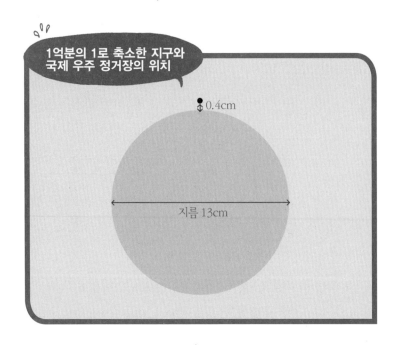

1억분의 1로 축소한 지구와
국제 우주 정거장의 위치

0.4cm

지름 13cm

다. 국제 우주 정거장이 받는 지구의 중력은 그다지 차이가 없는 것이다. 다시 말해 '우주 공간이니까, 진공이니까 무중량 상태가 된 것'이 아니다. 진공이든 우주 공간이든 만유인력의 법칙은 성립한다.

그렇다면 어떻게 무중량 상태가 되었을까?

그 비밀은 '제1우주속도'라는 속도에 있다. 공을 던지면 공은 중력의 영향을 받아 낙하하면서 날아가다 결국은 지면에 떨어진다. 좀 더 강한 힘으로 던지면 조금 더 멀리 날아간다. 그보다

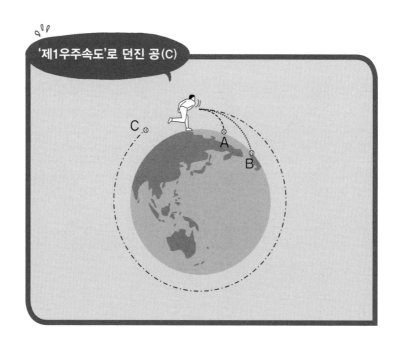

'제1우주속도'로 던진 공(C)

더 강한 힘으로 공을 던지면 어떻게 될까? 공은 지구 표면을 따라 크게 호를 그리며 날아간다. 더 강한 힘으로 던져 속도를 높이면 공은 지구 표면을 한 바퀴 돌아 원래의 위치로 돌아오게 된다. 지구가 둥글기 때문에 계속 조금씩 떨어지면서 지구를 빙글빙글 돌게 되는 것이다. 이때의 속도를 '제1우주속도'라고 부른다. 국제 우주 정거장은 초속 7,700~7,900m라는 속도로 지구 주위를 돌고 있다.

선체와 그 안에 있는 우주 비행사도 지구의 중력을 받으면서 전부 똑같이 낙하하고 있으므로 물체를 떠받칠 필요는 없다. 눈 앞에 있는 물체도 우주 비행사와 마찬가지로 낙하하고 있으므로 그 자리에서 둥둥 떠 있는 듯이 보인다. 이것은 '지구의 중력과 궤도를 도는 원심력이 상쇄되었기 때문'이라고 설명할 수 있지만, 내용이 조금 복잡해지므로 더 깊이 들어가지는 않겠다.

이 무중량 상태를 지상에서도 만들 수 있다. 자유 낙하하는 엘리베이터나 비행기 안에서는 무중량 상태가 되어 사람이 둥둥 떠다닌다. 우주선이 등장하는 영화를 촬영할 때는 비행기 안에 세트를 만들고 그 비행기를 낙하시킨다(물론 지면에 충돌할 때까지 낙하하지는 않는다). 그러면 세트 안은 무중량 상태가 되어 사람이나 도구 등이 둥둥 떠 있는 장면을 촬영할 수 있다.

☆ 무중량 상태에서 촛불은 어떻게 될까?

중력이 있는 세계에서는 무거운(정확히는 밀도가 큰) 공기는 밑으로, 가벼운 공기는 위로 움직여 대류가 발생한다. 그러나 무중량 상태에서는 이런 대류가 일어나지 않는다. 중력이 있는 세계에서 초에 불을 붙이면 초가 액체가 되어 심지에 스며들고, 액체에서 기체가 되며 촛불이 타오른다. 촛불이 타오르면 초의 기체나 주위의 공기는 따뜻해지며 가벼워져 무거운 공기 위로

지상의 촛불과 무중량 상태의 촛불(NASA 제공)

중력 상태(1G)　　　　　무중량 상태(0G)

상승한다. 촛불은 초의 기체나 공기의 움직임에 따라 위로 향하며 가늘고 긴 모양이 된다. 가벼운 공기가 위로 올라가면 새로운 공기가 공급되며, 이렇게 해서 초는 계속 불타오른다.

　그러나 무중량 상태에서는 대류가 일어나지 않으므로 상승하는 공기의 움직임도 없다. 그래서 촛불은 둥근 모양이 되며, 새로운 공기도 공급되지 않으므로 금방 꺼지고 만다.

　국제 우주 정거장 안에서는 자신이 내뱉은 숨(호흡)이 자신의 주위에서 움직이지 않기 때문에 그 숨을 다시 들이마셔 산소 결핍이 되는 경우가 있다. 그래서 인위적으로 공기를 순환시킨다.

그러면 무중량 상태에서 다음과 같은 상황일 때는 어떻게 될지 생각해보자. 다음 내용 중에서 옳다고 생각하는 것을 골라보자.

① 몸을 고정시키지 않은 두 사람이 하이파이브를 하면 두 사람은 서로 멀어진다.

② 몸을 고정시키지 않은 두 사람이 줄다리기를 하면 서로 끌어당긴다.

③ 시계추는 천천히 흔들린다.

④ 기름과 물을 잘 섞으면 분리되지 않는다.

⑤ 종이비행기는 진행 방향으로 똑바로 날아간다.

정답은 ①, ②, ④다.

① 서로 상대에게서 힘을 받기 때문에 반대 방향으로 운동을 시작한다.

② 사람은 줄을 당기는 힘에 버티지 못하기 때문에 서로 접근한다.

③ 시계추는 중력을 받지 않기 때문에 초속도*를 주면 받침점

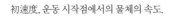

*   初速度, 운동 시작점에서의 물체의 속도.

을 중심으로 회전 운동을 시작한다.

④ 지상에서는 물과 기름의 비중 차이 때문에 분리되지만 중력

이 작용하지 않으므로 분리되지 않는다.

⑤ 종이비행기는 공기의 흐름으로 생기는 양력*을 받는데, 중

력을 받지 않으므로 위로 날아간다.

[참고 URL]
와카타 고이치(若田光一)의 재미있는 우주 실험
http://iss.jaxa.jp/iss/jaxa_exp/wakata/omoshiro/

[참고문헌]
다자키 마리코(田崎真理子) '재미있는 무중력' 〈RikaTan(과학 탐험)〉 2011년 3월호

* 　　　　유체(流体) 속을 수평으로 운동하는 물체가 유체로부터 받는, 진행방향에 대해
수직인 위쪽을 향하는 힘.

에라토스테네스는
지구의 크기를
어떻게 쟀을까

☆
그리스인들이 지구는 둥글다고 생각한 까닭

고대 그리스 사람들에게 자신들이 살고 있는 세계가 어떤 모습인가, 우주가 어떤 모습인가는 커다란 관심사였다. 그들은 실제로 자연을 유심히 관찰하고 그 결과를 바탕으로 다양한 현상을 고찰했다.

가령 지구의 모양에 관해서도 고대부터 중세를 통틀어 최고·최대의 철학자이자 만학의 아버지로 일컬어지는 아리스토텔레스(Aristoteles, BC384~BC322)는 "지구는 둥글다."라고 말했다. 그 근거 중 하나로 그는 월식 때 달에 비치는 지구의 그림자가 둥글다는 점을 들었다.

- 달과 태양의 위치 관계와 보름달, 반달, 초승달로 변하는 달의 모양을 보면 달은 스스로 빛을 내는 것이 아니라 태양 빛이 반사되어 빛나는 것처럼 보일 뿐이다.
- 월식 때 달을 감추는 그림자는 지구의 그림자다. 즉 달 표면에 드리우는 그림자를 통해 간접적으로 지구를 볼 수 있는 셈이다.
- 월식이라는 현상은 1년에 대략 두 번 일어나는데, 지구의 그림자는 항상 원형이다. 어느 방향에서 비쳐도 그림자가 원인 모양, 그것은 구다.

또 해상 무역이 시작되자 그 밖에도 많은 사실이 지구는 둥글다는 것을 암시했다. 예를 들면 다음과 같은 사실들이다.

- 육지를 향해 항해하는 배에서는 육지가 보이기 전에 먼저 산의 정상이 보이고, 항구에 다가감에 따라 점점 산 밑까지 보이게 된다.
- 배가 북쪽으로 나아가면 처음에는 북쪽 수평선에 낮게 떠 있던 별이 점차 높은 곳에서 빛나게 된다.

두 가지 가정을 이용한 지구 크기 측정법

처음으로 지구의 크기를 잰 사람은 그리스의 천문학자인 에라토스테네스(Eratosthenes, BC276?~BC195?)다. 그는 아리스토텔레스가 활약한 시기로부터 약 100년 뒤의 사람이다. 이집트의 알렉산드리아(현재의 카이로 부근)에 있는 도서관 관장이었던 그는 남북으로 이어진 두 지점의 태양의 고도를 비교하는 데 필요한 보고서를 쉽게 입수할 수 있었다.

하지 정오에 알렉산드리아에서 거의 정남쪽에 위치한 시에네(현재의 아스완)라는 마을에서는 우물 바닥에 태양의 모습이 비쳤다. 즉 이때 태양은 거의 정확히 하늘 꼭대기에 위치하는 셈이다. 그리고 같은 날, 에라토스테네스는 시에네로부터 거의 정북쪽에 위치한 알렉산드리아에서 반구형 그릇의 한가운데에 막대기를 세운 장치를 사용해 하지 정오에 그림자의 길이를 측정했다. 그 결과 수직으로 세운 막대기와 그림자가 이루는 각도는 7.2도였다.

지구는 둥글고 태양 광선은 평행광선이므로 이 두 가지 가정을 이용하면 지구의 크기를 잴 수 있다.

시에네와 알렉산드리아를 연결하는 호의 길이(양 지점의 경도차 7.2도)는 지구 둘레의 50분의 1(7.2도÷360도)이다. 이제 시에네와 알렉산드리아의 거리만 알면 지구의 크기를 결정할 수 있다. 에

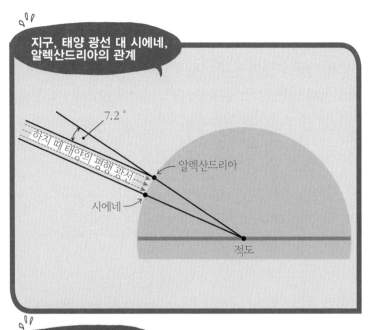

지구, 태양 광선 대 시에네, 알렉산드리아의 관계

7.2°

하지 때 태양의 평행 광선

알렉산드리아

시에네

적도

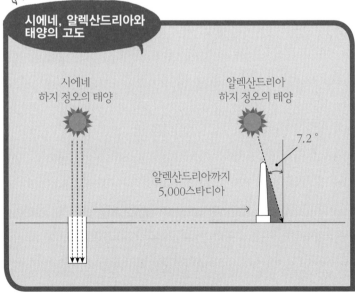

시에네, 알렉산드리아와 태양의 고도

시에네
하지 정오의 태양

알렉산드리아
하지 정오의 태양

7.2°

알렉산드리아까지
5,000스타디아

라토스테네스는 여행자의 기록을 종합해 두 지역의 거리를 5,000스타디아로 추정했다. 스타디아는 운동경기장(스타디움)에서 유래한 단위다. 1스타디아가 어느 정도의 길이인가에 대해서는 여러 가지 설이 있는데, 가장 유력한 설인 1스타디아=185m를 채용하면 지구의 둘레는 다음과 같이 계산된다.

지구의 둘레=5,000스타디아×50=25만 스타디아

25만×185=4,625만 m=4만 6,250km

실제 지구의 둘레는 4만 8km (북극과 남극을 통과하는 원둘레를 측정했을 때)이므로 15% 정도 큰 값이지만, 당시의 측정 정밀도를 고려하면 놀랄 만큼 정확하다고 할 수 있다.

지구의
정확한 모양은
회전 타원체다

☆

뉴턴이 예상한 지구의 모양

영국의 뉴턴은 그의 저서인 『프린키피아』에서 지구의 모양은 자전에 따른 원심력 때문에 완벽한 구형이 아니라 적도 방향으로 조금 길쭉하고 남북 방향으로 눌린 회전 타원체(타원을 그 축을 중심으로 회전시켰을 때 생기는 모양)가 되었을 것이라고 주장했다. 만약 지구가 완전한 구형이라면 어떤 지점에서 위도 1도의 거리를 측정해도 똑같을 것이다. 그리고 실제로 몇몇 지점에서 위도 1도의 거리를 정확히 측정해보면 적도에서는 약간 짧고 극에서는 길었다.

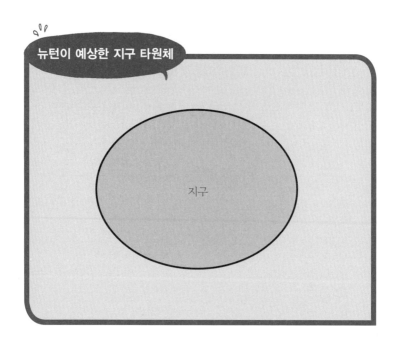

뉴턴이 예상한 지구 타원체

지구

회전 타원체인 지구를 '지구 타원체'라고 부른다.

☆

지오이드의 모양은 서양배처럼 생겼다

바다의 표면은 파도나 조수 간만 등에 따라 끊임없이 변화하지만, 장기간의 평균을 구하면 굴곡이 전혀 없는 매우 매끈한 면(평균 해수면)이 된다. 이 평균 해수면의 개념을 육지까지 연장해, 육지에 가로 세로로 수로를 파 바닷물을 끌어들였을 때의

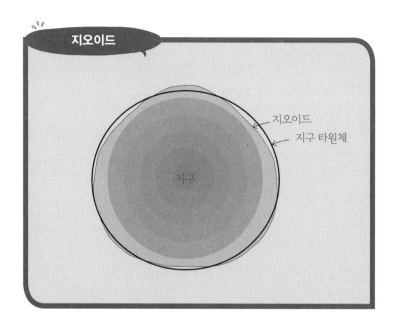

평균 해수면을 지구 표면으로 생각하자. 이렇게 해서 지구 전체를 평균 해수면으로 뒤덮었을 때 생기는 곡면이 '지오이드 (Geoid)'다.

지오이드라는 말은 지구를 닮은 모양이라는 뜻이다.

지오이드의 굴곡은 지구 내부의 밀도가 균일하지 않아서 생긴다. 지하의 구조가 주위보다 고밀도인 곳은 인력이 국소적으로 커져 바닷물을 많이 끌어당기기 때문에 지오이드 면이 볼록해진다. 지오이드 면과 지구 타원체 사이는 아주 약간이지만 차이가 있다.

북극에서는 지구 타원체보다 16m 높고, 남극에서는 27m 낮다. 그래서 극단적인 표현으로 지구를 서양배 모양이라고 말하기도 한다.

지구를 1억분의 1로 줄이면 어떤 모양이 될까

지구는 적도 반지름이 637만 8,137m, 극 반지름이 635만 6,752m로 회전 타원체에 가까운 모양이다. 극 반지름보다 적도 반지름이 2만 1,385m 크며, 편평률*은 '298.257222101분의 1'이다.

그렇다면 지구를 1억분의 1로 축소하면 어떤 모양, 어떤 입체가 될까? 1억분의 1로 만들면 적도 반지름은 6.378137cm, 극 반지름은 6.356752cm가 된다. 그 차이는 불과 0.02cm다. 컴퍼스로 반지름이 6.36cm인 원을 그린다면 아무리 뾰족한 연필을 쓰더라도 그 선의 두께에 포함되어버린다. 또 가장 볼록 튀어나온 에베레스트산(8,848m)도 0.09mm에 불과하므로, 1억분의 1로 줄이면 거의 동그랗고 굴곡이 없는 매끈한 원이 되는 것이다.

이것을 보면 지오이드의 서양배 모양이라는 표현이 매우 극단

---

* 타원의 편평한 정도를 나타내는 지표로 타원의 장축의 길이와 단축의 길이의 차이를 장축의 길이로 나눈 값.

적인 것임을 알 수 있다. 지구 타원체라고는 하지만 이렇게 보면 거의 완전한 구에 가까운 것이다.

☆ 1m는 지구의 크기에서 정해진 길이

반지름을 알면 '2×반지름×원주율'의 공식으로 원둘레도 알 수 있다. 계산해보면 지구의 둘레는 거의 4만 km인데, 여기에는 깊은 사연이 있다.

18세기 말 프랑스에서 대혁명이 일어났을 때, 프랑스의 과학자들은 전 세계가 사용할 수 있는 길이 단위를 만들자는 논의를 거듭했다. 그래서 지구의 크기를 길이의 단위로 삼기로 결정했다. 원래 길이를 재는 단위는 사람의 신체 부위의 길이를 기준으로 삼았다. 가령 '피트'는 발의 크기였다. 그러다 보니 사람에 따라, 국가에 따라 기준이 제각각이었다.

그런데 전 세계가 교류를 시작해 상거래가 진행되자 세계 공통의 잣대가 필요해졌다. 그래서 북극점에서 적도를 연결한 길이의 1,000만 분의 1을 1m로 삼은 것이다.

프랑스는 실제로 측량대를 파견해 6년에 걸친 측량 끝에 지구의 크기를 잴 수 있었다. 그리고 백금과 이리듐의 합금으로 길이의 기준이 되는 '미터원기(原器)'라는 1m의 잣대를 만들어 각국에 배포했다. 따라서 북극점에서 적도까지의 거리는 1만 km이며 지구의 둘레는 그 4배인 4만 km라는 딱 떨어지는 숫자가 나오는 것은 당연한 셈이다. 그 후 인공위성을 사용해 다시 측정한 결과 조금 오차가 생겼지만, 거의 4만 km임에는 변화가 없다.

참고로, 현재는 '크립톤86'이라는 원자가 내는 빛의 파장이 1m의 정의로 사용되고 있다.

[참고 URL]
야마가 스스무(山賀進) '지구의 모양'
http://www.s-yamaga.jp/nanimono/chikyu/chikyunokatachi-01.htm

물체가
뜨고 가라앉는
이유는
무엇일까

밀도는 질량에 비례하고 부피에 반비례

우리가 일상적으로 사용하는 "무겁다·가볍다"라는 말에는 '전체적인 질량'과 '어떤 부피당 질량'이라는 두 가지 의미가 있다. 어떤 물체를 물에 담그면 '무거운 것은 가라앉고 가벼운 것은 뜨는'데, 이 경우의 무겁다·가볍다는 어떤 부피당 질량을 의미한다.

어떤 물체의 부피(1cm³)당 질량(g)을 '밀도'라고 한다. 물질의 밀도를 알면 액체의 밀도와 그 액체에 넣을 물체의 밀도를 비교해 그 물체가 뜰지 가라앉을지 예상할 수 있다. 물체의 밀도가 액체의 밀도보다 작으면 그 물질은 뜬다.

어떤 물질의 밀도를 구할 때는 질량과 부피를 재면 된다. 예를 들어 어떤 물질의 질량이 393g이고 부피가 50cm³라고 가정하자. 1cm³당 질량을 계산하기 위해 393g을 50cm³로 나누면,

393g÷50cm³=7.86g/cm³가 나온다. 즉 밀도는 7.86g/cm³다. 질량÷부피의 값이 밀도인 것이다.

$$밀도 = \frac{질량}{부피}$$

밀도의 단위는 g/cm³다. 이 단위는 '1cm³당 몇 g'임을 나타내며, 그램 매 세제곱센티미터라고 읽는다.

얼음이 물에 뜨는 이유는 얼음의 구조가 물보다 엉성하기 때문

대부분의 물질은 부피가 같을 때 고체가 액체보다 무겁다. 요컨대 고체가 액체보다 밀도가 크다. 원자·분자의 밀집도에서 고체가 더 크기 때문에 밀도도 큰 것이다.

초를 녹인 액체에 고체인 초를 넣으면 가라앉는다. 열을 가해 녹인 염화나트륨(소금의 주성분)에 고체 염화나트륨을 넣으면 가

라앉는다. 액체 질소로 냉각시킨 에탄올(술의 성분이 되는 알코올) 고체를 액체 에탄올에 넣으면 가라앉는다. 그런데 물이나 안티몬 등 극히 소수의 물질은 반대로 고체의 밀도가 더 작다. 그래서 고체인 얼음을 액체인 물에 담그면 뜬다. 같은 부피일 때 고체인 얼음이 액체인 물보다 가벼운 이런 경우는 물질 중에서는 매우 드문 일이다.

얼음의 밀도는 0℃에서 0.9168g/cm³다. 그런데 이 얼음이 녹으면 부피가 약 10% 가까이 줄어들어 0℃에서 0.9998g/cm³인 물이 된다. 이후 물의 밀도는 온도가 오를수록 커지며, 4℃에서 최대치인 0.999973g/cm³가 된다. 또한 액체의 경우 대부분의 물질은 온도가 오르면 팽창해 가벼워지지만, 물은 4℃에서 가장 무거워진다. 만약 얼음이 4℃인 물보다 무거우면 호수나 강, 바다는 바닥부터 얼어붙기 시작할 것이다. 그렇지 않기 때문에 수중 생물은 기온이 낮아져도 수면을 덮은 얼음의 보호 속에서 살수 있는 것이다.

물이 대부분의 물질처럼 같은 부피일 때 고체가 액체보다 무거워지지 않는 이유는 물에서 얼음이 될 때 틈이 많은 구조가 되기 때문이다. 얼음이 물이 되면 그 구조가 부분적으로 무너져 틈이 작아지기 때문에 고체가 액체보다 가벼워지는 것이다.

물에 가라앉는 나뭇조각이 있을까?

물의 밀도는 $1g/cm^3$이므로 그보다 밀도가 큰 덩어리를 넣으면 물에 가라앉는다. 고급 불단이나 지팡이 등의 재료가 되는 흑단이라는 나무가 있다. 이름처럼 검은색을 띠고 있으며, 묵직하고 단단하다. 이 흑단의 밀도는 $1.1 \sim 1.3g/cm^3$다. 물의 밀도보다 크므로 흑단의 나뭇조각은 물에 가라앉는다.

대부분의 나뭇조각은 안에 틈새가 있어서 평균 밀도가 물보다 작기 때문에 물에 뜬다. 가령 노송나무의 밀도는 $0.49g/cm^3$다. 그러나 노송나무에 커다란 압력을 가하면 공기가 밀려나가며 압축되므로 물에 가라앉게 된다.

가벼운 물건의 대명사가 된 솜은 공기를 많이 머금고 있어 평균 밀도가 작지만, 강하게 압축해 공기를 완전히 뺐을 때의 밀도는 $1.5g/cm^3$다. 물에 넣으면 공기가 기포가 되어 쫓겨나므로 물에 가라앉는다. 솜은 가볍다는 이미지가 있지만 사실 물에 뜰 만큼 가볍지는 않은 것이다.

달걀의 신선도는 물에 담가보면 알 수 있다!

밀도를 이용해 달걀의 신선도를 확인하는 방법을 알아보자.

농도	밀도
1%	1.00
5%	1.034
10%	1.071
15%	1.109
20%	1.149

신선한 달걀의 밀도는 1.08~1.09g/cm³다. 달걀은 오래될수록 껍질의 미세한 구멍에서 수분이 증발하고 그 대신 기실(달걀에 공기가 들어 있는 곳)이 커진다. 액체인 물보다 공기가 훨씬 가볍기 때문에 달걀 전체는 가벼워지지만 부피는 변하지 않으므로 전체적인 밀도는 작아진다.

달걀을 10% 식염수(질량을 기준으로 물 9에 소금 1을 녹인 것)에 넣어보자. 10% 식염수의 밀도는 약 1.07g/cm³다. 신선한 달걀의 밀도인 1.08~1.09g/cm³보다 작으므로 달걀이 신선하다면 반드시 가라앉는다. 그러나 오래된 달걀은 밀도가 $1.07g/cm^3$ 이하가 되므로 식염수 안에서 똑바로 서거나 떠오른다.

한편 15% 식염수는 밀도가 약 $1.1g/cm^3$이기 때문에 신선한 달걀이라 해도 반드시 떠오른다.

그렇다면 설탕물에 달걀을 띄울 수 있을까? 설탕물(20℃)의 밀도를 15% 식염수와 거의 똑같이 만들려면 25% 설탕물($1.1g/cm^3$)을 준비해야 한다. 질량으로 생각하면 물 4에 설탕 1의 비율이다. 상당한 양의 설탕을 녹여야 하지만, 이런 설탕물에서는 달걀이 뜬다.

☆ 사람 몸의 밀도는 어느 정도일까?

중학생인 성호는 학교에서 "자기 몸의 밀도를 재어 오시오."라는 숙제를 받았다. '밀도는 질량을 부피로 나누면 구할 수 있어. 질량이야 체중계로 쉽게 알 수 있는데, 부피는 어떻게 측정해야 하지?' 성호는 곰곰이 궁리하다 '형태가 정해져 있는 돌멩이의 부피는 물을 넣은 메스실린더에 돌멩이를 넣어서 늘어난 물의 부피를 재면 알 수 있다.'라고 배운 사실을 떠올렸다. 그렇다면 욕조를 이용하자! 이렇게 생각한 성호는 즉시 실험을 해봤다.

성호는 먼저 체중계에 올라가 몸무게를 쟀다. 몸무게는

농도	밀도
5%	1.018
10%	1.038
15%	1.059
20%	1.081
25%	1.104
30%	1.127

49.0kg이었다.

　다음에는 욕조에 물을 받고 수면의 높이를 표시한 뒤 옷을 벗고 몸을 담갔다. 이때는 형에게 도움을 받았다. 형은 "그것 참, 이상한 숙제도 다 있네."라고 중얼거리면서도 동생을 도와줬다. 성호가 몸을 담그자 수면이 상승했고, 형은 수면이 상승한 위치에 표시를 했다. '숨을 크게 들이마셨을 때'와 '숨을 크게 내쉬었을 때'의 수면을 각각 표시하자 '숨을 크게 들이마셨을 때'의 수위가 '숨을 크게 내쉬었을 때'의 수위보다 조금 높았다.

문제는 지금부터다. 성호는 '처음 수면'에서 '몸을 담가 상승한 수면'까지 물이 올라오도록 물통을 이용해 물을 부었다. 1L짜리 계량 그릇으로 재어보니 그 물통에는 딱 3L의 물이 들어갔다. 숨을 크게 들이마셨을 때의 위치까지 물을 붓는 데 물통 17개와 1L 계량 그릇으로 절반 정도의 물이 들어갔다. 즉 51.5L다. 한편 숨을 크게 내쉬었을 때는 물통 16개와 1L 계량 그릇으로 10분의 7 정도, 즉 48.7L의 물이 들어갔다. 완전히 정확하다고는 할 수 없지만 얼추 맞는 듯했다.

그러면 이제 계산을 해보자. 밀도를 'g/cm³' 단위로 구하기 위해 질량은 'g', 부피는 'cm³'를 사용했다. 양쪽 모두 물과 거의 같은 밀도임을 알 수 있었다.

우리 몸의 평균 밀도는 대체로 물의 밀도인 1g/cm³와 같은데, 숨을 크게 들이마셨을 때와 내쉬었을 때의 평균 밀도가 조금 다르다. 숨을 크게 들이마셨을 때는 욕조에서 잠수를 하려고 해도 완전히 가라앉지 않고 몸이 자꾸 뜨려고 한다. 물보다 밀도가 작아서 뜨는 것이다. 우리의 몸은 폐에 공기가 가득 들어 있으면 물에 뜬다. 그리고 폐에서 대부분의 공기를 뱉어내면 물에 가라앉는다. 다만 물에 뜬다고 해도 물 위에 둥둥 뜨는 것은 아니다. 하늘을 보고 누웠을 때 얼굴과 몸의 일부가 수면 위로 나오는 정도다.

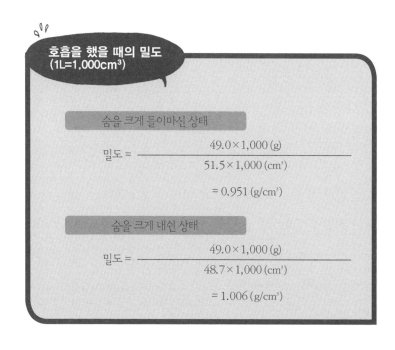

호흡을 했을 때의 밀도
(1L=1,000cm³)

숨을 크게 들이마신 상태

$$밀도 = \frac{49.0 \times 1,000 \, (g)}{51.5 \times 1,000 \, (cm^3)}$$

$$= 0.951 \, (g/cm^3)$$

숨을 크게 내쉰 상태

$$밀도 = \frac{49.0 \times 1,000 \, (g)}{48.7 \times 1,000 \, (cm^3)}$$

$$= 1.006 \, (g/cm^3)$$

만약 폐에 공기를 가득 담아도 몸의 밀도가 물의 밀도보다 크다면 그 사람은 아무리 발버둥을 쳐도 물에 가라앉을 것이다. 그것이 진정한 맥주병 아닐까? 우리가 물에 빠졌을 때 물속으로 가라앉는 이유는 폐에 물이 들어가기 때문이다.

☆

쇠공이 둥둥 뜨는 액체

쇠공은 당연히 물에 가라앉는다는 이미지가 있다. 그러

나 수은이라는 액체는 같은 부피에서 쇠공보다 더 무겁기(밀도가 크기) 때문에 쇠공이 둥둥 뜬다. 그러나 텅스텐을 수은에 넣으면 가라앉는다. 텅스텐은 백열전구의 필라멘트에 사용되는 금속이다.

수은보다 밀도가 큰 물질이라고 하면 금이 있다. 내 친구는 금으로 만든 결혼반지를 수은 속에 넣었다. 또 아버님이 골프 대회에서 기념으로 받아오신 금화를 넣은 친구도 있다. 금은 수은에 가라앉는데, 수은에 넣었다 꺼낸 금화나 결혼반지는 금색이 사라지고 은색이 된다. 이것은 금이 수은과 합금(아말감)을 만들기 때문이다.

☆
밀도 차이를 이용해 왕관 제작자의 비리를 밝혀내다

지금으로부터 2000년도 더 된 옛날, 그리스에 시라쿠사라는 작은 나라가 있었다. 그 나라를 지배하던 히에론 왕은 금으로 만든 멋진 왕관을 갖고 싶은 생각에 장인에게 금덩이를 주고 왕관을 만들라고 명령했다. 이윽고 왕관이 완성되었다. 그런데 이상한 소문이 왕의 귀에 들어왔다. 장인이 금의 일부를 슬쩍한 뒤 같은 질량의 은을 섞었다는 소문이었다. 그러나 완성된 왕관의 질량은 왕이 준 금덩이의 질량과 같았다.

금속의 이름	밀도 (단위: g/cm³)
알루미늄	2.7
철	7.9
은	10.5
납	11.3
수은	13.6
텅스텐	19.1
금	19.3

왕은 아르키메데스(Archimedes, BC287?~BC212?)에게 왕관을 조사하라고 명령했다. 그러나 아르키메데스는 어떤 방법으로 조사해야 할지 좋은 생각이 떠오르지 않았고, 시간은 점점 흘러 갔다. 그러던 어느 날, 물이 가득 차 있는 욕탕에 들어가자 물이 흘러넘치는 것을 본 아르키메데스의 머릿속에 어떤 아이디어가 번뜩였다. 아르키메데스는 알몸인 채로 목욕탕을 뛰쳐나와 "알았다! 알았어!"라고 외치며 금관이 있는 곳으로 달려갔다. 그 금관을 맡아놓고 있었던 것이다.

도대체 무엇을 알았다는 것일까? 아르키메데스는 물을 가득 채운 용기에 금관을 담갔다. 그리고 넘쳐흐른 물의 부피를 정확히 쟀다. 이 부피는 금관의 부피와 똑같다. 다음에는 금관과 질량이 같은 순수한 금덩이와 은덩이를 입수해 금관과 마찬가지 방법으로 넘쳐흐른 물의 부피를 쟀다. 그러자 순수한 금덩이를 넣었을 때 넘쳐흐른 물의 부피가 금관을 넣었을 때 넘쳐흐른 물의 부피보다 작았다. 같은 질량의 금과 은을 비교하면 은의 부피가 큰 것이다. 이렇게 해서 아르키메데스는 장인의 비리를 밝혀냈다.

이 이야기에서 아르키메데스는 물을 이용해서 질량이 같은 물체의 부피를 구했다. 즉 밀도를 구한 것이다.

또 같은 질량의 금덩이와 왕관을 양팔저울의 양쪽에 매달고 이것을 물에 넣었다는 이야기도 있다. 금덩이와 은이 섞인 왕관은 물에서 받는 부력이 다르기 때문에 양팔저울에서는 금덩이가 아래로, 은이 섞인 왕관이 위로 올라간다는 것이다. 이 이야기는 아르키메데스의 원리(다음 장 참조)로 이어진다.

1kg의 솜과 철 중 어느 쪽이 더 무거울까

부력 측정은 아르키메데스 원리를 이용한다

"솜 1kg과 철 1kg 중에 어느 쪽이 더 무거울까?"라는 과학 퀴즈가 있다. 이 '1kg'을 물체의 실질적인 양인 질량으로 생각하면 '같다.'가 정답이다.

그렇다면 같은 질량의 솜과 철을 실제로 들었을 때(혹은 양팔저울 위에 올려놓았을 때)는 어느 쪽이 더 무거울까?

포인트는 이 두 물체가 진공이 아닌 공기 속에 있다는 것이다. 공기 속에 있으면 공기로부터 받는 부력의 영향을 받는다. 즉 공기 속에서의 부력이 다르므로 정답은 '철이 더 무겁다.'가 된다.

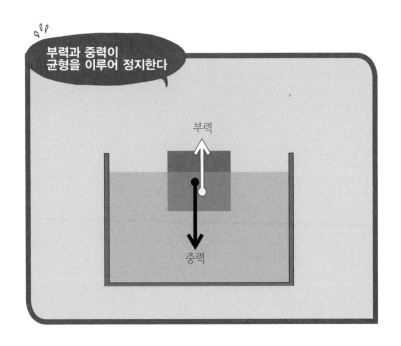

부력은 기체나 액체 속에 잠긴 물체가 기체나 액체로부터 중력의 반대방향인 위쪽 방향으로 받는 힘이다. 다만 공기 속에서는 부력을 거의 느끼지 못한다. 공기 중에서 부력을 느낄 때는 수소나 헬륨을 넣은 풍선을 잡고 있을 때나 비행선을 볼 때 정도가 아닐까?

우리가 이 힘을 느끼는 것은 목욕탕이나 수영장, 바다에 들어갔을 때다. 앞에서 소개한 '물체가 뜨고 가라앉는 이유는 무엇일까?'는 중력과 부력의 관계에 대한 이야기이기도 하다. 기체 속

이나 액체 속에서 물체가 받는 부력의 크기는 아르키메데스의

원리를 이용해 구할 수 있다.

아르키메데스의 원리는 '기체 속이나 액체 속의 물체는 그 물

체가 밀어낸 기체나 액체가 받는 중력과 같은 크기의 부력을 받

는다.'라는 것이다. 기체와 액체는 고체처럼 형태가 정해져 있지

않고 쉽게 변하므로 합쳐서 유체라고 부른다. 따라서 "유체 속의

물체는 그 물체가 밀어낸 유체가 받는 중력과 같은 크기의 부력

을 받는다."라고 말할 수도 있다. 예를 들어 어떤 물체가 물에 떠

있을 때 그 물체가 받는 부력은 수면 아래 있는 물체의 부피와 부피가 같은 물의 중량에 상당한다.

그렇다면 다시 한 번 퀴즈를 내겠다. '솜 1kg과 철 1kg 중에 어느 쪽이 무거울까?' 솜은 철보다 밀도가 작으므로 부피는 더 크다. 그리고 부피가 큰 쪽이 공기 속에 놓였을 때 많은 공기를 밀어낸다. 요컨대 솜이 더 큰 부력을 받으므로 측정해보면 솜이 더 가벼운(철이 더 무거운) 것이다.

☆ 사해를 재현하는 실험

바닷물의 염분 농도는 약 30‰(퍼밀)이다. 민물과 비교할 때 밀도가 크므로 부력이 민물보다 커진다. 요르단과 이스라엘 국경에는 사해라는 호수가 있는데, 이 호수의 염분 농도는 표면이 20‰이다. 평균 밀도가 물과 거의 같은 인간은 둥둥 떠버린다. 사해에서는 손을 가슴에 대고 똑바로 누우면 수면에 오랫동안 떠 있을 수 있다. 몸의 대부분은 수면 위로 나오고, 고개를 들수도 있으며, 심지어는 똑바로 누워서 왼손에 양산을, 오른손에 책을 들고 독서를 하는 사람도 있다. 2007년 3월에 사해 연안에서 3km나 떠내려간 사람이 6시간 동안 표류했는데, 물에 가라앉지 않은 덕분에 구출되었다는 뉴스도 있었다.

나는 예전에 '사해를 재현한다.'라는 TV 방송 프로그램에 출연한 적이 있다. 거대한 유리로 만든 수조의 바닥에 교반기를 넣어 소금을 녹이면서 계속 비중계로 확인한다. 20℃의 물 100g에는 식염을 약 36g까지 녹일 수 있다. 이때 밀도는 $1.216g/cm^3$가 된다. 포화식염수에 근접했을 때 아나운서가 수조에 들어갔다. 그러자 바로 누운 상태로 물 위에 떠서 잡지를 읽을 수 있었다.

☆ 헬륨 풍선으로 사람을 띄울 수 있을까?

놀이공원에 가면 헬륨 풍선을 파는 가게들을 볼 수 있다. 그 헬륨 풍선의 부력을 생각해보자. 힘의 크기는 이해하기 쉽도록 뉴턴 단위가 아니라 '그램힘(질량이 1g인 물체는 지구에서 중력으로 1g분의 힘을 받는다. 이것을 1gf이라고 한다)'으로 수치화할 것이다.

0℃, 1기압, 1L일 때 공기는 1.293g, 헬륨은 0.178g이다. 실험 조건을 20℃로 생각하기 위해 273/(20+273)을 곱하면(샤를의 법칙*) 공기는 1.2g, 헬륨은 0.17g이 된다. 고무 풍선 한 개의 고무의 중량을 약 2gf으로 가정하자. 이 풍선에 헬륨을 약 4L 불어 넣

---

* 기체의 압력을 일정하게 유지하면서 온도를 높이면 기체의 부피가 팽창하는데, 이때 온도가 1℃ 올라갈 때마다 부피는 1/273씩 증가한다는 법칙.

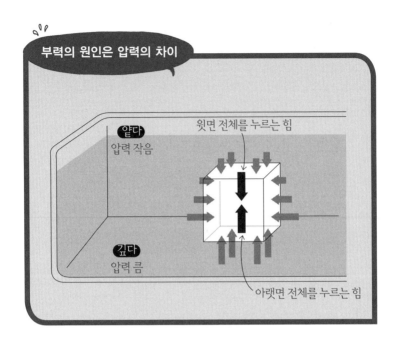

부력의 원인은 압력의 차이

윗면 전체를 누르는 힘

얕다
압력 작음

깊다
압력 큼

아랫면 전체를 누르는 힘

고 주둥이를 막는다. 풍선 속에 들어간 헬륨의 중량은 0.68gf이
다. 그리고 고무의 중량을 더하면 아래 방향으로 2.68gf이다(사
실 풍선에 넣은 풍선 약 4L의 기압이 1기압보다 조금 커졌으므로 이보다 약간
더 무거워지지만, 무시할 수 있는 수준이다). 부풀어 오른 풍선은 약 4L
의 공기를 밀어낸다. 그 중량은 4.8gf이다. 풍선은 이와 똑같은
크기의 부력을 위의 방향으로 받는 것이다.

위 방향의 힘-아래 방향의 힘=4.8gf-2.68gf=2.12gf. 1엔 동전
한 개의 중량이 딱 1gf이므로 풍선 한 개로 1엔 동전 2개를 들어

올릴 수 있다. 그렇다면 몸무게가 60kg인 사람을 들어 올리기 위해서는 풍선이 몇 개나 필요할까? 60,000gf÷2.12gf=약 28,300개다. 2만 8,300개! 굉장히 많다고 생각하지 않는가? 밀도가 헬륨의 절반 정도인 수소라면 그 수가 절반으로 줄어든다.

이 계산을 하다가 떠오른 사건이 있다. 풍선 아저씨라고 불리던 스즈키 요시카즈(鈴木嘉和) 씨가 행방불명이 된 '판타지호 사건'이다. 1992년 11월 23일에 풍선 아저씨는 지름 6m의 비닐로 만든 헬륨 풍선 6개, 지름 3m의 헬륨 풍선 20개를 장착(풍선을 부풀리기 위해 사용된 약 3천만 원어치의 헬륨 봄베를 운반하는 데 트럭 세 대가 필요했다고 한다)한 곤돌라를 타고 비와코 호반에서 미국을 향해 출발했다. 이튿날에는 해상 보안청의 탐색기가 미야기 현 긴카산 앞바다 동쪽 약 800m 해상에서 비행 중인 판타지호를 확인했는데, 약 3시간 뒤 판타지호가 구름 사이로 사라졌기 때문에 탐색기는 추적을 중단했다. 그리고 이것을 마지막으로 풍선 아저씨는 행방불명이 되었다.

☆ 부력이 생기는 원인은 압력의 차이

물속에서는 깊어질수록 커다란 압력이 가해진다. 직육면체가 물속에 있을 때 주위의 물로부터 받는 압력은 앞의 그림과 같다. 오른쪽과 왼쪽에서 가해지는 압력은 서로 같으므로 상쇄된다.

그런데 위쪽에서 가해지는 수압보다 아래에서 가해지는 수입이 더 크기 때문에 물체는 위쪽 방향의 힘을 받게 된다. 이것이 부력이다. 압력=힘÷면적이므로 수압의 차이에 면적을 곱해서 나온 힘이 면 전체를 누르는 힘이 되며, 아랫면을 누르는 힘과 윗면을 누르는 힘의 차이가 부력이 된다.

물속에서 받는 부력의 크기는 위와 아래의 수압에 따른 힘의 차이이므로 물의 깊이와는 상관이 없다. 또 모양이 같다면 나무든 철이든 부력의 크기는 변하지 않는다. 물체에 따라 뜨거나 가라앉는 것은 그 물체가 받는 지구의 중력이 다르기 때문이다.

중력이 부력보다 작으면 뜨고, 크면 가라앉는 것이다.

지구가 자전과 공전을 계속 하는 이유는 '관성'

☆ 지구의 자전 속도는 시속 1,400km

우리는 '지구'라는 우주선을 타고 있다. 지구는 자전하면서 태양 주위를 돈다. 그리고 태양 역시 태양계의 별들을 이끌고 은하계 우주 속에서 어떤 방향을 향해 무시무시한 속도로 나아가고 있다. 이렇듯 우리는 거대한 '운동'의 한가운데에 있지만 그 사실을 전혀 느끼지 못한다.

가령 지구의 자전을 생각해보자. 지구의 자전으로 도쿄가 동쪽으로 움직여 다음날 원래의 자리에 돌아올 때까지 이동한 거리는 약 3만 3,000km다. 하루는 24시간이므로 시속을 구하면

33,000km÷24시간≒1,400km/h가 된다. 이것은 전철은 물론 비행기보다도 훨씬 빠른 속도다.(서울에서 부산까지 거리는 441.7km로, 경부고속철도로 달리면 2시간 50분 정도가 걸리는데 시속 1,400km로 달리면 20분도 걸리지 않아 도착할 수 있다.-옮긴이).

우리는 우주선 지구호의 승무원으로서 시속 약 1,400km라는 속도를 체험하고 있다. 다만 흔들리지도 않고 주위의 공기 등도 같은 속도로 계속 움직이고 있어 깨닫지 못할 뿐이다.

☆ 제자리 뛰기만으로 세계를 일주할 수 있을까?

이렇게 말하면 '지상에서 하늘 위로 높이 뛰어오르면 떨어지는 사이에 지구가 동쪽으로 이동해서 중국이나 다른 나라로 조금씩 갈 수 있지 않을까?'라는 생각도 들 것이다. 그렇게 하면 쉽게 세계 일주여행을 할 수 있지 않을까? 그러나 실제로 해보면 이것이 잘못된 생각임을 금방 깨닫게 된다. 공중을 향해 아무리 열심히 뛰어올라도 다시 원래의 위치에 떨어질 뿐이다.

비슷한 예로 달리는 전철 안을 생각해보자. 달리는 전철 안에서 하늘을 향해 제자리 뛰기를 해도 뒤가 아니라 원래의 위치에 착지하며, 돌멩이를 떨어트려도 수직으로 떨어진다. 열차 안에서 도시락을 먹다가 달걀부침을 떨어트려도 달걀부침이 여러분을 향해 날아오거나 앞으로 날아가지는 않는다. 달걀부침은 수직으로 낙하해 도시락통 안에 떨어질 뿐이다.

물체는 일단 움직이기 시작하면 영원히 같은 속도로 움직이려는 성질을 가지고 있다. 이 성질을 관성이라고 한다. 그리고 이 관성에 대해 '외부에서 물체에 힘을 가하지 않으면, 혹은 힘을 가하더라도 합력이 0이라면 멈춰 있을 때는 계속 멈춰 있으려 하고 운동하고 있을 때는 영원히 등속 직선 운동을 계속하려는 성질을 지니고 있다.'라는 관성의 법칙이 성립한다. 등속 직선 운동이란 똑같은 속도로 곧바로 나아가는 운동을 말한다.

자동차를 운전할 때, 눈앞으로 갑자기 개가 뛰어들어 황급히 급브레이크를 밟아도 차는 바로 멈추지 않고 몇 미터 정도 나아간 뒤 간신히 정지한다. 그리고 이때 안전벨트를 매고 있지 않으면 자리에서 튕겨나가 앞 유리에 부딪힐 우려가 있다. 관성이 작용해 그때까지의 운동을 계속하려 하기 때문이다.

☆ 달리는 전철 안 돌멩이의 시속은?

전철이 시속 60km의 속도로 달릴 때, 그 전철에 타고 있는 사람과 돌멩이도 함께 시속 60km로 달린다. 전철 안에서 돌멩이를 떨어트리면 그 돌멩이는 관성에 따라 시속 60km의 속도

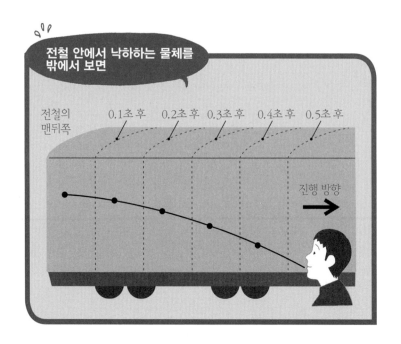

로 달리면서 떨어진다. 지구가 엔진도 없이 수십억 년이라는 긴 시간 동안 자전과 공전을 계속할 수 있는 것도 관성이라는 성질 덕분이다.

그런데 전철 밖에 서 있는 사람의 눈에는 달리는 전철 안에서 수직으로 떨어지는 돌멩이가 어떻게 보일까? 이해하기 쉽게 전철의 맨 뒤쪽에서 돌멩이를 떨어트린다고 가정하자. 돌멩이가 수직으로 떨어진다는 말은 달리고 있는 전철과 똑같은 속도로 전철의 진행 방향을 향해 나아가면서 떨어진다는 의미다. 그 운동 궤적을 연결하면 포물선이 된다.

우리 주변의 물체는 운동을 해도 영원히 운동하지 못하고 언제가는 멈춘다. 우리가 생활하는 장소에는 마찰력이 있기 때문으로, 힘을 가하지 않았는데 영원히 등속 직선 운동을 계속하는 장면을 보는 일은 거의 없다. 그러나 모든 물체는 관성을 가지고 있으며 관성의 법칙은 항상 성립한다. 다만 마찰력 탓에 그렇게 보이지 않을 뿐이다.

한편 지구 밖으로 눈을 돌리면 마찰력이 없는 세계가 있다. 바로 우주 공간이다. 우주 로켓은 지구의 중력권을 탈출하기 위해, 그리고 목적한 별에 착륙할 때 역분사를 하는 데만 연료를 사용한다. 일단 중력권을 탈출하면 그 뒤에는 관성에 따라 영원히 등속 직선 운동을 계속한다.

☆ 갈릴레오 실험의 진실

1590년의 어느 날 있었던 일이다.

당시 26세였던 이탈리아의 갈릴레오 갈릴레이는 갓 피사 대학의 전임강사가 된 수학·물리학 연구자였다. 피사 마을에는 두오모 광장이 있는데, 이곳에는 1173년부터 건설에 들어갔지만 지반 침하로 기울어지는 바람에 이후 장기간의 공사 중단과 경사 수정을 반복한 끝에 1356년에야 완성된 탑이 있었다. 이른바 피사의 사탑(斜塔)이다.

갈릴레오는 이 사탑의 7층에 올라가 발코니에서 동그란 탄환

갈릴레오 갈릴레이

갈릴레오 갈릴레이
(Galileo Galilei, 1564~1642)

그 유명한 낙하 실험은 전설일 뿐이었어!!

한 개와 그보다 10배는 무거운 탄환 한 개를 동시에 떨어트렸다. 광장에서는 피사 대학의 교수와 학생들을 비롯해 수많은 군중이 그 모습을 지켜봤는데, 대부분 무거운 탄환이 먼저 떨어지리라고 예상했다. 그러나 탄환이 바닥에 떨어지는 소리는 한 번밖에 들리지 않았다. 두 탄환이 거의 동시에 지면으로 떨어진 것이다.

갈릴레오가 피사의 사탑에서 물체의 낙하를 실험했다는 이 이야기는 매우 유명하다. 당시는 '물체는 무거울수록 빨리 떨어진다.'라는 아리스토텔레스의 생각이 물리학계를 지배하고 있었느데, 갈릴레오가 실험을 통해 당시 최고의 권위를 자랑하던 아리스토텔레스의 생각을 뒤엎었다는 것이다. 독자 여러분도 대부분 이 이야기를 알고 있지 않았을까 싶다.

그런데 이 일화는 조금 수상쩍은 구석이 있다. 이 실험에 관한 가장 오래된 기록은 실험이 있은 지 60여 년이 지난 1654년에 갈릴레오의 제자 비비아니(Vincenzo Viviani, 1622~1703)가 간행한 『갈릴레오 전기』다. 갈릴레오가 실험을 실시한 시기의 기록에서는 그가 사탑에서 이 실험을 했다는 이야기를 발견할 수 없다. 비비아니의 기술이 사실이라면 실험을 실시한 당시에 커다란 화제가 되었을 것이 틀림없다. 그런데 갈릴레오가 쓴 책에서조차 이를 언급한 내용이 한 줄도 없는 것이다.

도대체 어떻게 된 일일까?

사실 이 물체 낙하 실험은 1587년에 네덜란드의 시몬 스테빈(Simon Stevin, 1548~1620)이 한 것이다. 그는 질량이 다른 납구슬 두 개를 2층에서 떨어트려 이 두 구슬이 동시에 착지함을 확인했다. 그리고 갈릴레오는 이 사실을 알지 못했다.

결국 비비아니가 갈릴레오를 존경한 나머지 스테빈의 공적을 갈릴레오의 것으로 둔갑시킨 듯하다. 그것도 피사의 사탑을 무대로……

☆

구름은 어떻게 하늘 위에 떠 있을까?

구름은 무엇으로 만들어졌을까? 수증기는 아니다. 수증기는 물 분자가 흩어져 기체가 된 상태로, 무색투명하기 때문에 그 알갱이(분자)가 보이지 않는다. 사실 구름은 물방울이나 얼음 알갱이로 구성되어 있다. 그렇다면 물방울이나 얼음 알갱이로 만들어졌는데 어떻게 하늘에 떠 있는 것일까?

구름을 만드는 구름 알갱이는 아주 작은 물방울이나 얼음 알갱이로 구성되어 있다. 구름 알갱이의 지름은 보통 0.05mm 정도로, 빗방울의 20분의 1 정도다. 20분의 1이라고 하면 별것 아닌 듯하지만, 부피로 환산하면 세제곱을 해야 하니까 8,000분의 1이 된다. 컵 한 잔의 물도 8,000배를 하면 드럼통 10개 분량이 된다. 엄청난 차이인 것이다.

물체는 떨어질 때 공기의 저항을 받는다. 그래서 물방울이 떨어지는 속도는 알갱이의 크기에 따라 결정된다. 빗방울을 지름 1mm라고 하면 이슬비는 0.2mm, 구름 알갱이는 0.05mm다. 최종 낙하 속도는 구름 알갱이의 경우 초속 0.003m이며, 이슬비는 초속 1.5m, 빗방울은 초속 4m다. 알갱이가 커질수록 낙하 속도가 급격히 빨라진다.

구름 알갱이는 낙하 속도가 초속 0.003m이므로 바람이 위를 향해 초속 0.003m로 불면 아래로 떨어지지 않고 공중에 떠 있을 수 있다. 초속 0.003m는 숨을 쉬거나 손부채를 부치기만 해도 낼 수 있는 바람의 속도다.

구름을 만드는 물방울은 매우 작기 때문에 아주 작은 공기의 흐름만 있어도 공중에 떠 있을 수 있다. 구름이 있는 곳에서는 그런 상승 기류가 있어서 구름이 떨어지지 않는 것이다.

빗방울의 낙하 중력과 공기 저항력이 작용한다

낙하하는 빗방울이 받는 힘은 중력과 공기의 저항력, 그리고 부력이다. 중력은 지구에서 멀어질수록 점차 약해지지만, 여기에서는 설명을 간단히 하기 위해 일정하다고 생각하자. 또 부력은 아르키메데스의 원리에 따라 빗방울의 부피분의 공기의 중량인데, 작은 값이니 무시하기로 하자. 여기에서 생각할 것은 중력과 공기의 저항력, 이 두 가지다.

공기의 저항력은 낙하물의 속도에 비례함이 밝혀졌다. 즉 빗방울이 처음 낙하하기 시작했을 때는 낙하 속도가 느리므로 공기 저항도 그다지 크지 않다. 그러나 속도가 빨라지면 공기 저항은 속도에 비례하므로 무시할 수 없는 크기가 된다. 중력은 일정하므로 그와 반대 방향의 공기 저항이 서서히 커짐을 의미한다.

공기의 저항력이 빗방울이 받는 중력과 같아지면 위로 향하는 힘과 아래로 향하는 힘이 합쳐져 제로가 된다. 그렇게 되면 관성의 법칙, 즉 '물체에 다른 힘이 가해지지 않으면, 혹은 가해지더라도 합력이 제로라면 정지해 있을 때는 계속 정지해 있으려 하고 운동하고 있을 때는 등속 직선 운동을 계속하려 하는 성질'에 따라 그 시점의 속도로 등속 직선 운동을 한다. 요컨대 같은 속도로 낙하하는 것이다.

세차게 쏟아지는 폭우의 경우 빗방울의 지름은 5mm 정도이며, 낙하 속도는 시속 32.6km나 된다. 지름 0.4mm인 가랑비라면 낙하 속도는 시속 5.8km 정도, 지름 0.8mm인 일반적인 빗방울이라면 낙하 속도는 시속 11.8km 정도다.

☆
6,700m 상공에서 떨어졌는데 살았다!?

기네스북에 따르면 인간이 자유 낙하해 '생환한' 기록은 고도 6,700m(백두산의 2.5배 높이-옮긴이)라고 한다. 그 기록의 주인공은 6,700m 상공에서 비행기가 공중 분해되어 낙하산도 없이 떨어졌는데, 다행히 눈으로 뒤덮인 계곡의 비탈면에 떨어진 덕분에 그대로 계곡 바닥까지 미끄러져 골반이 부러지고 등뼈에 중상을 입기는 했어도 목숨을 건질 수 있었다고 한다.

눈으로 뒤덮인 비탈면에 떨어진 덕분에 쿠션 효과가 컸을 것이다. 또 빗방울과 마찬가지로 낙하하더라도 속도가 계속 빨라지지는 않으며 어느 시점에서 등속 운동이 된다. 사람이 낙하할 경우, 573m쯤 떨어지면 그 뒤로는 일정한 속도가 된다. 머리를 아래로 한 자세일 때 시속 298km(초속 83m)로 가장 속도가 빠르며, 다른 자세일 때는 시속 188~201km(초속 52~56m)가 나온다. 이것이 6,700m 상공에서 낙하했는데도 살 수 있었던 또 다른 이유다.

참고로 물에 떨어질 경우는 눈이나 숲의 비탈면 같은 쿠션 효과가 나지 않으며, 가령 100m 정도의 높이에서 떨어지면 콘크리트에 부딪친 것과 다름없기 때문에 아마도 살지 못할 것이다.

코끼리 발보다
하이힐에 밟혔을 때
더 아프다?

설피를 신으면 걷기 쉬운 이유

같은 크기의 힘이라도 그 힘이 작용하는 면적이 다르면 효과도 다르다. 그 효과를 압력이라고 한다. 면적이 같다면 작용하는 힘이 큰 쪽이 압력도 커진다. 또 작용하는 힘이 같으면 면적이 작은 쪽의 압력이 더 크다.

평범한 신발을 신고 무릎 높이까지 쌓인 눈 위를 걸으면 발이 눈 속에 파묻혀 걷기가 힘들다. 그러나 설피 같은 보행 도구를 신으면 그다지 눈에 파묻히지 않고 쉽게 걸을 수 있다. 설피는 신발보다 면적이 넓어서 걸을 때 가해지는 힘이 분산되기 때문이다. 예를 들어 설피가 눈과 맞닿는 부분의 면적이 우리가 평소에 신는 신발 바닥의 여덟 배라면 신발을 신고 눈 위에 설 때보다 눈을 누르는 압력이 8분의 1로 줄어든다. 그 결과 신발보다 눈에 적게 파묻히기 때문에 걷기가 쉬워지는 것이다.

☆ 예리한 칼은 왜 물건을 잘 자를까?

칼날이 예리한 칼은 무딘 칼보다 물건을 잘 자른다. 예리한 칼날 끝의 좁은 면적에 힘이 집중되어 압력이 커지기 때문이다.

압력은 면적 1㎡당 수직으로 누르는 힘의 크기다. 압력이라는 이름 때문에 '힘의 일종'이라고 생각하는 사람도 있을지 모르는데, 압력이 힘의 크기와 관계는 있지만 그 작용과 단위 모두 힘과는 다르다.

압력은 면을 누르는 힘(N)÷면적(㎡)으로 구할 수 있다.

그러면 압력의 단위는 N/㎡(뉴턴 매 제곱미터)가 된다. 이 N/㎡를 하나의 단위로 바꾸면 파스칼(Pa)이 된다. 1N/㎡=1Pa이다.

우리가 생활하는 공간의 압력은 파스칼로 나타내면 대략 '10만 Pa'이다. 그런데 이것은 숫자가 너무 크므로 100배를 나타내는 '헥토'를 붙인 헥토파스칼(hPa)을 사용한다. 이렇게 하면 우리가 생활하는 공간의 압력은 1,000hPa 정도가 된다.

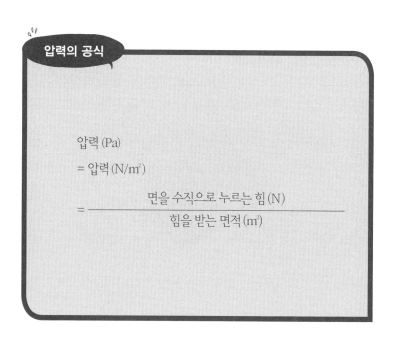

압력 (Pa)

= 압력 (N/m²)

$$= \frac{\text{면을 수직으로 누르는 힘(N)}}{\text{힘을 받는 면적(m}^2)}$$

☆

침봉 위에 맨발로 설 수 있을까?

침봉은 꽃꽂이를 할 때 꽃을 꽂아 고정하는 도구로, 받침 위에 날카로운 침이 빼곡하게 박혀 있다. 침봉에는 다양한 크기와 모양이 있는데, 사각형에 크기가 71mm×54mm인 침봉을 네 개 준비해보자. 이 침봉 위에 맨발로 설 수 있을까? 예를 들어 침 한 개 위에 서면 틀림없이 발바닥에 바늘이 박힌다. 그러나 침이 많으면 하나하나에 작용하는 힘이 줄어들기 때문에 괜찮을지도 모른다.

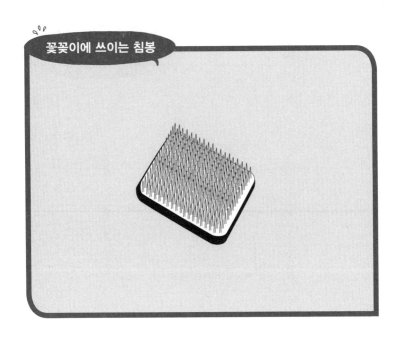
꽃꽂이에 쓰이는 침봉

그러면 검증을 해보자.

침봉 위에 섰을 때 다리를 조금 벌려 몸이 안정되도록 침봉을
두 개씩 평행하게 놓는다. 그리고 양옆에 책상이나 의자를 놓는
다. 이제 침봉 옆에 서서 양옆의 책상이나 의자에 양손을 짚어
자신의 체중(중량)을 지탱하면서 천천히 발을 침봉 위에 올려놓
는다. 이때 체중이 양발에 균등하게 걸리도록 주의한다. 침봉 위
에 올라갔으면 책상이나 의자에서 손을 떼어보자. 침봉에서 내
려올 때는 다시 양옆의 의자나 책상에 양손을 짚어 체중을 떠받

치면서 천천히 내려온다.

　검증에 사용한 침봉 한 개에 박혀 있는 침의 수는 262개다. 모두 네 개를 사용했으므로 합계 약 1,000개의 침으로 체중을 지탱한 셈이 된다. 몸무게가 50kg인 사람이라면 걸리는 힘은 약 500N이다. 500N÷1,000개=0.5N/개이므로 침 하나에 걸린 힘은 0.5N이 된다. 침이 발바닥을 뚫고 들어가려면 한 개당 더 큰 힘이 필요하다.

　침봉의 침은 현미경으로 확대해서 보면 뾰족하지 않고 뭉툭하다. 따라서 침이 발바닥과 맞닿는 면적이 어느 정도 있다. 길이 5cm 못으로 확인해보면 몇 뉴턴의 힘을 가해야 발바닥이 아프다고 한다. 침봉의 침은 못보다 뾰족할지도 모르지만, 그 수가 약 1,000개나 되므로 발바닥과 맞닿은 전체 면적은 상당히 넓어진다. 결국 물체에 걸리는 힘은 맞닿은 면적이 넓을수록 분산된다는 것을 알 수 있다.

☆
코끼리와 하이힐의 압력 비교하기

　내 친구는 코끼리 발을 복제한 물건을 동물원에서 가져와 발의 넓이를 계산한 다음 코끼리에게 밟혔을 때와 하이힐에 밟혔을 때의 압력을 계산했다.

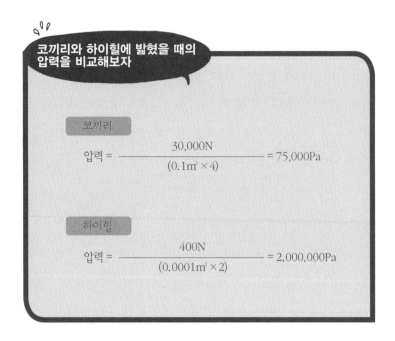

코끼리와 하이힐에 밟혔을 때의 압력을 비교해보자

코끼리

$$압력 = \frac{30,000N}{(0.1㎡ \times 4)} = 75,000Pa$$

하이힐

$$압력 = \frac{400N}{(0.0001㎡ \times 2)} = 2,000,000Pa$$

어느 쪽의 압력이 더 클까?

코끼리 발 하나의 넓이는 1,060㎠로 약 1,000㎠(=0.1㎡)이며, 몸무게(질량)는 3,000kg(힘으로 치면 약 3만 N), 밟혔을 때 발 하나에 걸리는 체중은 전체의 4분의 1이라고 가정하자. 한편 하이힐을 신은 여성은 몸무게가 40kg(힘으로 치면 약 400N), 힐의 바닥 면적은 가로세로 각각 1cm, 즉 1㎠(=0.0001㎡)이며 여기에 몸무게의 2분의 1이 가해진다고 가정한다.

계산해보면 코끼리에게 밟혔을 때의 압력보다 하이힐에 밟혔을 때의 압력이 훨씬 크다. 새삼 '만원 전철 안의 하이힐은 흉기 구나!'라는 생각이 들지 않는가?

참고로, 이 계산에서는 코끼리에게 밟혔을 때 사람의 몸에 닿지 않은 발바닥의 나머지 부분이 지면을 누르고 있다고 가정했다. 만약 코끼리 발의 압력이 사람을 밟은 부분(넓이는 150cm²)에만 걸린다면 압력은 약 7배가 된다.

대기압은 공기의 압력

지구는 대기라고 부르는 두꺼운 공기층에 둘러싸여 있다. 그리고 우리는 그 바닥(지표)에 살고 있다. 공기도 중량을 가지고 있으므로 지표 근처의 공기는 그 위에 있는 공기의 중량에 눌려 압력이 발생한다. 이 압력이 대기압이다.

대기압은 미시적으로 보면 운동하고 있는 공기의 분자가 충돌함에 따라 발생한다. 수압과 마찬가지로 대기압은 온갖 방향으로 작용한다. 집 안에 있는 사람이나 밖에 있는 사람이나 같은 높이에 있다면 똑같은 대기압이 작용한다. 대기압의 크기는 지표면 근처(해수면의 높이)에서 약 1,013hPa(10만 1,300Pa)로, 이것을 1기압이라고도 한다.

평소에 우리는 주스 등을 마실 때 대기압을 이용한다. 흔히 빨대를 사용해 주스를 마시는데, 빨대로 공기를 들이마시면 빨대와 입안의 공기가 희박해져 기압이 낮아진다. 그러면 컵에 담긴 주스의 표면에는 대기압이 작용하고 있으므로 대기압이 주스를 빨대와 입으로 밀어올리는 것이다.

☆ 캔 찌그러트리기 실험

대기압의 크기를 쉽게 실감할 수 있는 실험 중 하나가 대기압으로 알루미늄캔 찌그러트리기다.

재료는 알루미늄캔과 물, 도구는 가스버너와 알루미늄 가위, 물을 담은 대야다.

먼저 알루미늄캔에 물을 약간 넣고 가스버너로 가열한다. 안에 있는 물이 끓어서 알루미늄캔 속이 수증기로 가득 차기를 기다린다. 그런 다음 입구가 아래로 오도록 알루미늄캔을 뒤집어서 물이 담긴 대야에 담그면 알루미늄캔은 순식간에 찌그러진다.

가열하기 전의 알루미늄캔은 안쪽과 바깥쪽에서 같은 크기의 대기압을 받는다. 그런데 알루미늄캔에 물을 넣고 가열하면 캔

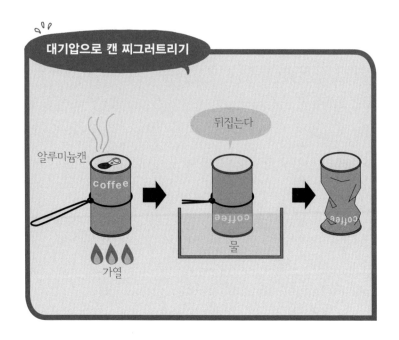

속이 수증기로 가득 차면서 안에 있던 공기를 밀어낸다. 그리고 알루미늄캔을 뒤집어서 물속에 넣으면 캔의 입구가 물에 막힌다. 게다가 캔 속에 있던 수증기가 식어서 물로 돌아간다.

그 결과 알루미늄캔의 내부에 작용하는 압력이 작아지기 때문에 그때의 대기압으로 알루미늄캔은 찌그러진다.

커다란 드럼통도 쉽게 찌그러진다

나는 같은 방법으로 작은 알루미늄캔이 아니라 커다란 드럼통을 여러 개 찌그러트렸다. 처음 실험했을 때는 정원에 벽돌로 화로를 만들고 그 위에 물을 조금 넣은 드럼통을 올려놓은 다음 장작에 불을 붙여 가열했다.

드럼통의 입구에서 하얀 김이 모락모락 뿜어나오면 잠시 가열한 뒤 입구를 뚜껑으로 막는다. 그런 다음 불을 끄고 기다리자 펑하는 소리가 들리는가 싶더니 드럼통이 심하게 찌그러져 들어갔다.

3
잠도 잊고 읽게 되는 물리이야기

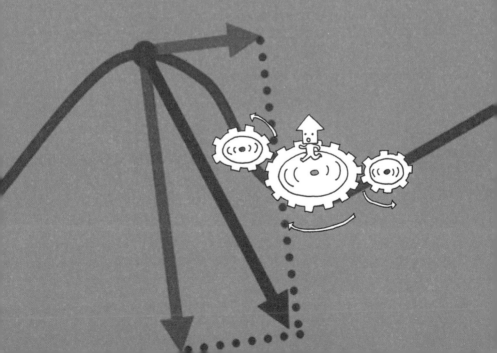

지구를 관통하는 구멍에 공을 떨어뜨리면?

지구에 구멍을 뚫기 위한 조건

지구는 거의 완벽하게 동그란 구체이며, 내부는 표면에서부터 지각과 맨틀, 핵의 층 구조를 이룬다고 추측되고 있다. 비유를 하자면 사과와 비슷하다. 사과의 껍질이 지각, 과육 부분이 맨틀, 씨앗이 들어 있는 딱딱한 부분이 핵이라고 할 수 있다.

인류가 파 내려간 가장 깊은 구멍은 현재 러시아 북부의 콜라 반도에 있는 1만 2,261m짜리 구멍인데, 아직 맨틀에도 도달하지 못했다. 또 2005년에 취항한 일본의 지구 심부 탐사선 '지큐'는 맨틀에 도달한다는 목표로 육지보다 지각이 얇은 해저를 파

내려가고 있다.

이와 같이 현 시점에서 실제로 지구를 관통하는 구멍을 파기는 어렵지만, '혹시 가능하다면'이라는 가정 아래 생각해보도록 하자.

지구는 자전하고 있다. 회전축인 극은 제외하더라도 다른 장소에서는 축과 수직으로 원심력이 작용하기 때문에 만유인력과 원심력이 합쳐진 힘인 중력이 향하는 방향은 지구의 중심이 아니다. 그러므로 원심력을 생각하지 않아도 되도록 북극과 남극을 관통하는 구멍을 뚫어 공을 떨어트린다는 조건으로 생각해보자.(중력과 원심력이 동일 선상에 있으므로 적도를 관통한다는 조건이어도 상관없다.)

그리고 구멍 안은 진공이라고 가정한다. 공기가 있으면 공기의 저항력 때문에 운동이 방해를 받으며, 공기와 마찰하면서 열이 발생해 공이 녹거나 증발할 것이기 때문이다. 또 실제 지구는 중심으로 갈수록 온도가 높아져 중심부의 경우는 태양의 표면 온도와 같은 약 6,000℃에 이를 것으로 추정되지만 이것도 고려하지 않도록 한다. 그리고 지구의 밀도는 중심으로 갈수록 커지지만 이 역시 균일한 밀도라고 가정한다.

이제 이 문제를 생각하기 위한 조건이 갖춰졌다.

공은 왕복운동을 한다!

북극에서 공을 떨어트리면 공은 중력을 받으므로 낙하하
면서 점점 속도가 빨라진다. 이때 공이 받는 중력은 중심으로 향
할수록 작아진다. 공이 받는 중력은 지구와의 만유인력에 따른 힘
인데, 공이 지구의 내부에 있으면 주위에 있는 지구의 물질에 편
차가 생겨 운동 방향과 반대 방향으로도 잡아당겨지기 때문이다.

지구의 중심부에서는 지구와의 만유인력이 상쇄되어 사라지
기 때문에 무중량 상태가 된다. 북극에서 0이었던 공의 속도는

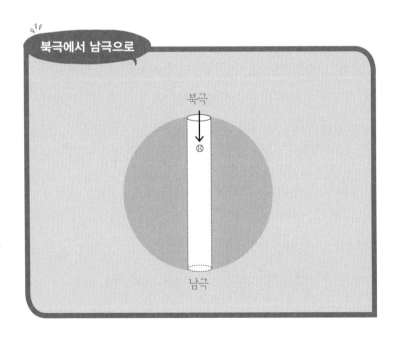

북극에서 남극으로

북극

남극

중심에 이르면 초속 약 7.9km가 된다. 그리고 지구의 중심을 통과하면 이번에는 운동 방향과 반대로 끌어당기는 힘이 더 강해지므로 속도가 줄어든다. 속도는 남극에서 마침내 0이 되며, 다시 북극으로 운동하기 시작한다. 그리고 이 왕복운동을 반복한다.

여기에 공기의 저항만을 더하면(열로 녹거나 하는 경우는 무시한다.) 북극에서 떨어진 공은 이동 거리가 조금씩 짧아지다가 결국은 중심에서 정지한다.

비행기보다 빠른 진공 튜브 열차!

공기의 저항이나 마찰, 원심력을 무시했을 때, 지구의 중심을 통과하지 않는 터널(다음 그림의 A-B-C)을 뚫으면 어떻게 될까?

하나의 힘은 같은 작용을 하는 두 힘으로 나눠서 생각할 수 있다. 이렇게 나눈 두 힘을 원래의 힘의 분력이라고 한다. 여기에서 A, B, C 각 점의 중력을 앞의 그림과 같은 분력으로 나눠서 생각해 보자.

A점에 있는 물체는 A-B-C 방향으로 중력의 분력을 받으므로 B점을 향해 운동한다. 중력의 분력은 B점에 가까워질수록 작아지는데, 그래도 힘을 계속 받으므로 점점 가속한다. 그리고 B점에 오면 중력 A-B-C 방향의 분력은 0이 된다. B점을 지나면 속

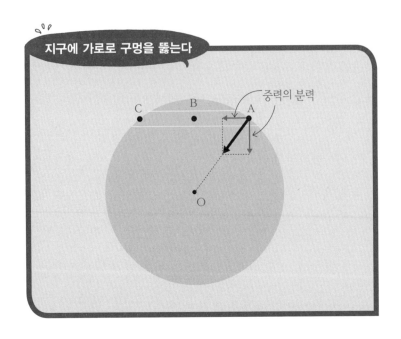

도가 줄어들며, C점에 이르렀을 때 마침내 0이 된다. 결국 받는 힘의 크기가 다르므로 속도는 다르지만 북극과 남극을 연결하는 구멍과 같은 운동을 한다.

그래서 내부를 진공으로 만든 튜브를 지하나 해저에 설치해 리니어모터카*를 운행한다는 구상이 나왔다. 지구의 중력을 이용해 최소한의 에너지로 사람과 물자를 운송하는 시스템이다.

＊ linear motor car, 자기력에 의해 차량이 부상되어 전용선로를 따라 주행하는 열차.

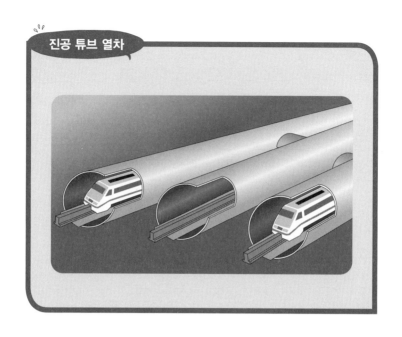

진공 튜브 열차

예를 들어 런던과 뉴욕 사이를 진공 튜브로 연결하면 이론상으로는 비행기보다 빠르게 이동할 수 있을 것으로 생각된다. 처음 구상되었을 때의 예상 속도는 마하 5~6 (마하 1은 시속 약 1,200km) 이었다. 그러나 터널의 건설과 진공 상태의 유지, 튜브의 강도, 진공인 공간과 역 등 진공이 아닌 공간을 나누는 방법 등 비용과 기술, 안정성 등의 측면에서 해결해야 할 과제가 많아 아직 실현되지 못하고 있다.

[참고 URL] http://www.tunneltalk.com/Strait-Crossings-Jan10-Conference-report.php

정전기도
우리 생활에
유용하게 쓰인다

어떤 물질이든 전기의 근원을 갖고 있다

모든 물질은 원자로 구성되어 있다. 그리고 원자에는 종류가 있다. 간단히 말하면 원자의 종류를 '원소'라고 부르며, 약 100종류가 있다. 이 세상의 수천만 개나 되는 물질은 전부 약 100종류의 원자로 구성되어 있다.

원자는 몇 개의 알갱이가 연결되어 구성된다. 원자의 중심에는 양(+)전하를 지닌 원자핵이라는 알갱이가 있다. 원자핵은 양성자와 중성자라는 알갱이로 구성되어 있는데, 그중에서 양성자가 양(+)전하를 지니고 있다. 원자핵 주위에는 양성자나 중성

자보다 훨씬 작고 가벼운 전자라는 음(-)전하를 지닌 알갱이가
있다. 양성자 한 개가 지닌 양전하와 전자 한 개가 지닌 음전하
는 합치면 서로 상쇄되어 0이 된다. 원소에 따라 양성자의 수와
전자의 수가 다른데, 같은 원소에서는 양성자의 수와 전자의 수
가 같다. 그러므로 원자 전체를 보면 (+)와 (-)가 상쇄되어 전
체 전하의 수가 0이 되기 때문에 전기를 지니고 있지 않은 듯이
보이는 것이다.

　그러나 겉으로 보기에는 전하를 띠고 있지 않은 물질이라도

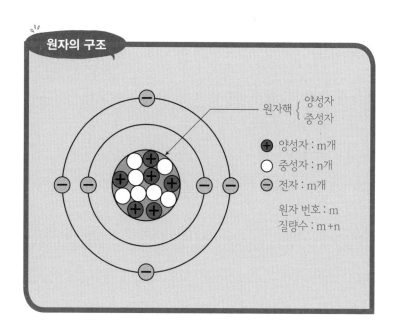

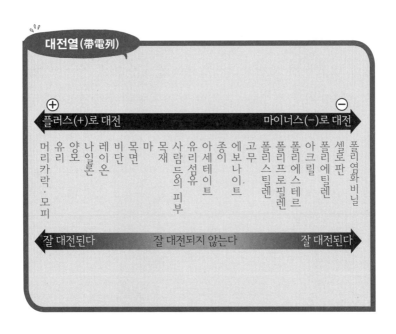

물질을 구성하고 있는 것은 원자이므로 모든 물질은 전기의 근원을 가지고 있다. 물체를 문지르거나 맞붙이면 물질 속의 원자에 있는 가벼운 전자가 튀어나오거나 상대편의 물질로 들어간다. 이때 원자의 중심에 있는 원자핵의 무거운 양성자는 움직이지 않는다. 그러면 전자를 받은 쪽의 물질은 음전하가 많아지기 때문에 (-)로 대전(帶電)된다. 반대로 전자를 준 쪽의 물질은 원자핵의 양성자가 지닌 양전하는 그대로인데 음전하는 줄어들었기 때문에 (+)로 대전된다. 예를 들어 빨대와 종이의 경우는 종이에서 빨대로 전자가 이동한다. 종이는 (+), 빨대는 (−)로 대전된다. 아크릴과 종이의 경우는 아크릴에서 종이로 전자가 이동한다. 따라서 아크릴은 (+), 종이는 (−)로 대전된다.

이와 같이 물체를 서로 문질렀을 때 생기는 전기를 정(靜)전기 또는 마찰전기라고 부른다. 또 전지나 콘센트를 연결했을 때 흐르는 전기를 동(動)전기라고 한다. 서로 비볐을 때 어느 쪽이 (+)가 되고 어느 쪽이 (−)가 되느냐는 두 물질의 조합에 따라 결정된다. 서로 비빈 물질의 종류에 따라 전자의 이동 방향이 정해지는 것이다.

정전기 원리를 이용한 복사기와 집진기

물체가 (+) 또는 (−) 전하를 띠고 있어도 공기 속에 습기가 있으면 가지고 있던 전자가 공기 속으로 도망친다(방전된다). (+) 또는 (−) 전하를 띠고 있는 물질이라면 방전되기 쉬운 곳으로 전자가 이동하여 계속 방전된다. 그러나 절연체는 그렇지 않다. 전기가 모일 뿐 움직이지 않는다. 건조한 겨울에 정전기가 잘 모이는 이유는 방전이 잘 되지 않기 때문이다.

일상생활에서 발생하는 정전기와 전지나 콘센트에 연결했을 때의 동전기는 기본적으로 양쪽 다 같은 전자다. 전기를 생각할 때 전기가 흐르는 양(전류의 양: 단위는 암페어, A)과 전기가 흐르려 하는 기세(전압: 단위는 볼트, V)를 생각하는데, 정전기의 전압이 수천에서 수만 볼트인 데 비해 일상 생활에서 가장 많이 사용되는 건전지의 전압은 한 개에 1.5V, 가정의 콘센트는 220V다.

한편 번개를 제외하면 정전기가 발생할 때의 전류는 매우 작지만 전지나 콘센트에서 흐르는 전류는 정전기의 전류에 비해 훨씬 크다. 또 정전기의 경우는 전류가 일시적으로 흐르지만 전지나 콘센트에서는 지속적으로 흐른다. 겨울에 금속 손잡이를 만진 순간 정전기가 올라 따끔할 때가 있는데, 이때 전압은 수천 볼트나 되지만 전류는 수 밀리암페어(1mA는 1,000분의 1A)에 불과하다고 한다. 100W 전구를 콘센트에 연결해 전압 100V를 걸었을 때 흐르는 전류가 1A다.

정전기를 사용한 기술은 복사기 내부에서 활약하고 있다. 복사기는 정전기를 이용해 음전하를 띤 토너의 잉크가루를 종이의 상이 비친 곳에만 달라붙게 하는 원리로 작동된다. 또 공장이나 쓰레기 소각장의 굴뚝에서 연기나 먼지를 제거하는 집진기도 정전기의 원리를 이용한 것이다.

정전기를 잘만 이용하면 우리 생활에 도움이 되는구나.

셀프 주유소 화재의 범인은 정전기?

탱크로리에서 발생하는 정전기는 어떻게 없앨까?

휘발유를 운반하는 탱크로리가 도로를 달릴 때 탱크 안에서는 휘발유와 내벽의 마찰로 정전기가 발생한다. 그래서 예전에는 정전기를 지면으로 흘려보낼 목적으로 탱크로리에 쇠사슬을 매달아 질질 끌고 다니는 모습을 볼 수 있었다. 그런데 요즘은 쇠사슬을 매달고 달리는 탱크로리를 볼 수 없게 되었다. 쇠사슬을 매달아도 의미가 없기 때문이다.

고무 타이어도 고무 자체는 절연체이지만 탄소가 섞여 있기 때문에 금속만큼은 아니어도 전기가 흐른다. 그리고 금속으로 만

든 탱크는 금속 부분이 고무 타이어까지 연결되어 있다. 그렇다
면 지면에 접한 고무 타이어가 쇠사슬과 같은 역할을 할 것이다.

　벼락이 떨어져도 차 안에 있으면 안전하다는 이야기가 있다.
번개의 전류는 차체나 고무 타이어의 표면을 흐를 뿐이므로 그
안에 있는 사람은 멀쩡하다. 이것을 정전 차폐라고 한다. 과학관
의 고전압 불꽃쇼에서 철조망으로 만든 상자에 고전압을 가해
도 그 안에 들어간 사람이 무사한 것을 볼 수 있는데, 이것도 같
은 원리다.

정전기가 화재의 원인이 된다?

휘발유를 실은 탱크로리는 벼락이 떨어져도 안전하지만, 급유할 때는 주의해야 한다. 정전기가 빠져나갈 곳이 없으면 정전기의 양은 증가하며, 그러다 마침내 방전을 시작한다. 이 방전은 고온의 불꽃을 동반하기 때문에 근처에 불이 잘 붙는 물질이 있으면 화재가 일어난다.

셀프 주유소는 자동차 운전자가 직접 연료를 급유하는 곳으로, 저렴한 가격과 간편함을 무기로 꾸준히 급증해왔다. 지금은 일본의 경우 주유소 전체의 10%가 셀프 주유소라고 한다. (우리나라의 경우 전체 주유소의 6.8퍼센트가 셀프 주유소로 운영되고 있다.-옮긴이) 그러나 안전사고도 심심찮게 발생하고 있다. 2002년 4월 27일자 《아사히신문》에 '셀프 주유소에서 급유 도중 갑자기 화재. 범인은 정전기'라는 기사가 실린 적이 있다.

"셀프 주유소에서 승용차 주유구의 캡을 여는데 갑자기 불길이 치솟는 발화 사고가 일어나고 있다. 이용자의 몸에 쌓인 정전기가 손가락 끝에서 방전해 휘발유 증기에 인화된 것으로 추정된다. 다행히 인명 피해는 없었지만, 총무성 소방청과 석유, 자동차 업계 등은 발화의 우려가 있음을 이용자들이 아직 충분히 인식하지 못하고 있다고 보고 홍보에 나섰다."

또 2007년 8월 18일자 《아사히신문》에는 '셀프 주유소에 정전기 대책을 의무화/소방청'이라는 기사가 있었다.

"총무성 소방청은 18일, 셀프 주유소의 화재예방 대책을 강화하기 위해 급유 노즐을 정전기가 빠져나갈 수 있는 구조로 만드는 등의 대책을 의무화하기로 결정했다. 위험물 규제 규칙을 개정해 신규 시설은 10월부터, 기존 시설은 12월부터 의무화된다.

가격이 저렴해 소비자에게 인기를 끌고 있는 셀프 주유소는 현재 전국에 약 5,000여 곳이 있다. 한편 차체의 일부가 불타는 등의 소규모 화재가 2004년에 6건, 2005년에 4건 발생했다. 소방청에 따르면 화재의 원인은 대부분 급유 노즐과 손 사이에서 발생한 정전기가 휘발유에 인화된 것이었다. 지금까지 업계 단체에 대책을 요청해왔지만, 커다란 사고로 이어질 위험성도 있어 대책을 강화하기로 했다. 구체적으로는 급유 노즐의 손잡이나 레버를 정전기가 확실히 빠져나갈 수 있는 수지나 스테인리스로 만들 것을 의무화한다. 정전기를 제거하지 못하는 재질을 사용하고 있을 경우는 교환케 한다.

또 이용자가 조작에 익숙지 않아 휘발유가 넘쳐흐르는 사고도 매년 수 건이 발생하고 있어, 조작 방법을 게시하도록 하는 동시에 휘발유가 넘쳐흘러도 인체에 튀지 않도록 막아주는 부품을 부착하도록 철저히 지도할 예정이다."

이와 같은 정전기의 위험성은 전부터 알려져 있었다. 일반 주

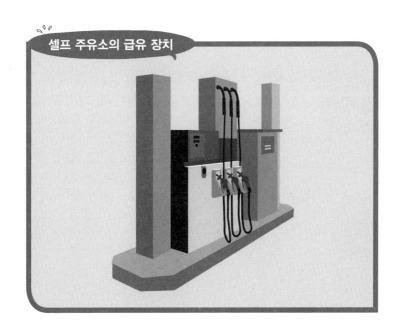

셀프 주유소의 급유 장치

유소의 종업원은 정전기를 빠져나가게 하는 전용 신발(발바닥 등이 전도성 있는 재질로 된 신발)을 신고 있으며, 정전기가 잘 빠져나가도록 주유소 바닥에 물을 뿌려놓는다고 한다.

　사용자는 절대로 정전기가 쌓인 상태에서 급유 작업을 하지 말아야 한다. 셀프 주유소를 이용하는 운전자는 다음과 같은 예방법을 알아두도록 한다.

　(1)차체 등의 금속 부분을 만져서 정전기가 빠져나가게 한 다

음 주유구를 연다.

(2)다시 정전기를 띠지 않도록 급유 중에는 좌석으로 돌아가지 않는다.

(3)주유구와 주유 캡은 같은 사람이 연다.

그래서 셀프 주유소에는 급유 장치에 정전기 제거 장치가 부착되어 있다. 이것으로 정전기를 제거한 다음 급유 작업을 하라는 것이다.

의복에 뿌리는 정전기 방지 스프레이의 정체

의복 섬유의 대전열은 152쪽의 그림처럼 플러스(+)에서 마이너스(-) 방향으로 양모, 레이온, 비단, 면, 폴리에스테르, 아크릴의 순서로 되어 있다. 여기에서 가까이 위치한 것끼리는 정전기가 잘 발생하지 않으며, 멀리 떨어져 있을수록 정전기가 잘 발생한다. 요컨대 양모와 아크릴은 특히 정전기가 잘 발생하는 조합인 셈이다.

물질 A와 물질 B를 마찰했을 때 물질 A와 물질 B에 각각 양전하와 음전하가 분리되어 쌓인 것이 정전기다. 정전기를 방지하기 위해서는 분리된 이 전기를 가령 전기가 잘 통하는 수분 등으로 방전시키면 된다. 습도 40% 이상에서는 정전기가 잘 발생하지 않으며, 천연섬유인 비단이나 면은 섬유 자체에 수분이 많이 들어 있어 정전기가 덜 발생한다. 천연섬유는 그 분자 속에 히드록시기(-OH) 등 물과 사이가 좋은 부분, 즉 친수성 기(基)가 많기 때문이다.

흡습성이 적은 섬유는 정전기가 발생하기 쉽다. 특히 저렴하고 가공성이 뛰어난 폴리에스테르는 흡습성이 약하다. 그래서 섬유 업체에서는 카본블랙*이나 금속 화합물 등 전도성이 좋은 물질을 섞은 전도성 섬유를 개발하고 있다.

정전기 방지 스프레이는 계면 활성제를 활용한다. 계면 활성제에는 여러 종류가 있는데, 비누나 합성 세제 등의 성분 물질이다. 계면 활성제의 분자는 물과 사이가 나쁜 소수성(疏水性) 부분과 물과 사이가 좋은 친수성 부분으로 구성된다. 이것을 합성 섬유에 뿌리면 소수성인 부분은 섬유 쪽, 친수성인 부분은 바깥쪽, 즉 공기 쪽으로 배열된다. 친수성인 부분에는 공기 속의 수분이 달라붙어 피막층이 형성되며, 이에 따라 의복의 표면에서 정전기가 잘 빠져나가게 된다.

---

* 천연가스, 기름, 아세틸렌, 타르, 목재 따위가 불완전 연소할 때 생기는 검정가루. 먹, 인쇄잉크, 페인트, 염료 등의 원료나 고무, 시멘트 등의 배합제로 쓰인다.

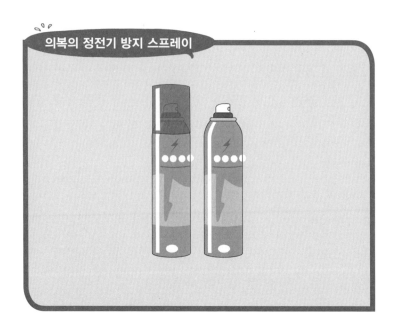

정전기 방지 스프레이의 원리

계면 활성제 분자의 기본 구조

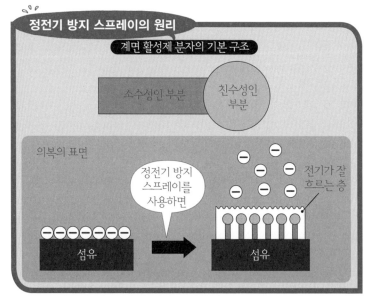

또 계면 활성제 덕분에 잘 미끄러져 마찰에 따른 정전기도 억제할 수 있다.

여러 정전기 방지 상품의 효과 비교

정전기를 방지한다고 광고하는 상품에는 다음과 같이 네 가지 유형이 있다.

▷기구를 사용해 몸의 정전기를 공기 중에 방전한다.

▷기구를 통해 정전기를 대지에 접지한다.

▷스프레이로 계면 활성제를 뿌려 정전기를 공기 중에 방전한다.

▷고전압을 발생시켜 정전기를 없앤다.

방전식 제품에는 키홀더형과 카드형 등이 있다. 전기를 띤 아크릴판으로 실험한 결과, 카드 등의 접촉 면적이 넓은 상품일수록 효과가 컸다. 카드형 상품 중에는 '주머니에 넣어두기만 해도 OK'라고 광고하는 것도 있는데, '옷을 두껍게 입을 경우는 효과가 약해진다. 가능하면 몸과 직접 닿는 부분에 휴대할 것'이라고 되어 있다.

접지식 제품은 기구를 손으로 잡고 지면 등에 접지해서 몸의 정전기를 제거할 수는 있지만 의복의 정전기를 제거하기는 어려우며, 의복에서 몸으로 정전기가 이동할 수도 있다.

스프레이식은 계면 활성제가 주성분으로, 의복에 부착된 계면 활성제가 공기 속의 수증기를 끌어당기며 그 수분을 통해 정전기를 공기 중으로 방전한다. 실험에서는 스프레이를 뿌린 천을 마찰해도 정전기가 잘 발생하지 않았으며 효과가 지속되었다.

최근에 등장한 높은 전압을 발생시키는 방식의 제품은 전기의 힘으로 정전기를 없앤다. 실험에서는 전기를 띤 물질을 향해 사용하기만 해도 효과가 있었다고 한다.

빨대로 빈 캔을 움직인다

주변에서 쉽게 구할 수 있는 빨대를 이용한 정전기 실험을 알아보자. 빨대는 폴리프로필렌이라는 재질로 만들어져 정전기가 잘 모인다. 건조한 겨울뿐만 아니라 습도가 높을 때도 약 3,000V의 정전기가 모인다.

① 종이를 끌어당긴다

잘게 찢은 티슈에 빨대를 가까이 대면 빨대가 티슈를 끌어당긴다. 이것으로 정전기가 발생했는지 아닌지를 확인할 수 있다.

만약 티슈를 끌어당기지 않는다면 빨대에 정전기가 발생하지 않은 것이므로 다시 한 번 티슈에 잘 문질러서 정전기를 일으키기 바란다.

음전하를 띤 빨대를 종이나 그래뉴당, 물, 얼음 등의 부도체에 가까이 가져가면 부도체 안에서 불규칙하게 배열되어 있던 전자가 규칙적으로 배열되어 전기적 방향성을 띠며, 물질과 가까운 쪽에 양전하의 수가 많아 서로 끌어당긴다. 이것을 유전분극이라고 한다.

② 그래뉴당을 끌어당긴다

커피 등에 넣는 작은 그래뉴당(과립 설탕) 분말에 빨대를 가까이 댄다. 그러면 빨대가 그래뉴당을 끌어당기는데, 분말이 염주처럼 줄지어 달라붙는 모습을 볼 수 있다. 이것은 그래뉴당이 유전분극의 연쇄를 일으키기 때문이다.

③ 빈 캔을 끌어당긴다

빈 주스 캔을 표면이 매끄러운 테이블 위에 옆으로 눕히고 빈 캔과 평행한 위치에서 빨대를 조심스럽게 접근시킨다. 그러면 빈 캔이 빨대 쪽으로 굴러온다. 빈 캔과 일정한 거리를 유지하도록 빨대를 움직이면 빈 캔이 빨대를 쫓아 굴러간다.

빨대가 음전하를 띠고 있을 때 그 빨대가 금속에 접근하면 금속 내부에서 자유 전자가 이동하며, 이에 따라 빨대와 가까운 쪽에 양전하의 수가 많아 (−)와 (+) 전기가 서로를 끌어당긴다. 이 것을 정전기 유도 현상이라고 한다.

④ 엽차잔을 끌어당긴다

빈 캔을 끌어당기는 요령으로 이번에는 엽차잔을 끌어당겨 보 자. 금속도 아닌 엽차잔이 구르는 모습을 보면 깜짝 놀랄 것이다.

⑤ 컵에 담긴 물의 표면을 끌어당긴다

컵이 찰랑찰랑하도록 물을 가득 담는다. 그러면 표면 장력으로 표면이 살짝 솟아오른다. 솟아오른 수면의 가장자리에 빨대를 위에서 조심스럽게 접근시키면 수면 가장자리가 '여드름'처럼 솟아오르고, 그 순간 빨대와 물 사이에서 빠직 하고 전기가 방전되며 원래의 상태로 되돌아간다.

컵 주위에 붙어 있는 물방울도 빨대를 가까이 대면 솟아오르는 것을 관찰할 수 있다.

⑥ 물에 떠 있는 얼음을 끌어당긴다

컵에 물을 가득 담고 얼음을 띄운 다음 빨대를 평행하게 뉘어

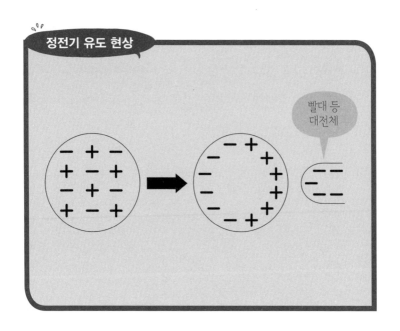

조심스럽게 접근시키면 얼음이 빨대 쪽으로 다가온다. 그리고 빨대를 조심스럽게 움직이면 얼음이 빨대를 따라온다. 또 얼음을 두 개 넣으면 얼음이 나란히 끌려온다. 이것은 얼음의 유전분극이 연쇄되었기 때문이다.

정전기로 형광등을 켠다!

캄캄한 방에서 방석을 문질러 형광등의 한쪽 전극에 대

면 순간적으로 빛이 난다. 또 형광등을 고양이의 등에 대고 문지르면 형광등이 빛을 낸다.

두 명이 한 조가 되어 한 명은 형광등을 들고 다른 한 명은 전기를 띤 빨대(티슈로 문지른다)를 형광등의 전극에 가까이 가져가보자. 주위가 캄캄한 곳에서 실험하면 형광등이 번쩍 하고 빛난다.

꼬마전구나 일반 전구가 빛을 내는 것은 전류가 흐르면 전구 속의 필라멘트가 약 3,000℃의 고온이 되어 빛과 열을 내기 때문이다. 그런데 형광등이 빛을 내는 원리는 완전히 다르다. 형광등은 양쪽 끝에 전극을 단 유리관에 수은 증기와 아르곤 가스를 넣고 유리 내부에 형광 물질을 발라 만든다. 그리고 높은 전압이 가해지도록 되어 있어 그 전압이 전극 사이에 아크 방전*을 일으킨다.

전극에서는 빛의 속도로 전자가 날아가고, 그것이 수은 원자와 부딪치면 수은 원자 속의 전자는 에너지적으로 높은 여기(励起) 상태(들뜬 상태)가 된다. 그리고 이런 전자가 원래의 낮은 여기 상태로 돌아갈 때 그 에너지의 차이를 자외선이라는 형태로 방출한다. 그러면 자외선은 내부에 바른 형광 물질을 발광시켜 흰

---

*   기체 속에서 생기는 방전의 일종. 전극 사이에 비교적 저전압 대전류를 흘릴 때 전극이 가열되어 열전자를 방출하며 강렬한 빛을 내는 방전.

색의 빛이 나오는 것이다.

형광등은 높은 전압이 없으면 빛을 내지 않는다. 다만 시중에는 건전지로 불을 켜는 형광등도 있다. 이것은 건전지를 네 개 사용하므로 전압이 6V인데, 이것으로는 전압이 너무 낮아 형광등에 전류가 흐르지 않는다. 그래서 트랜지스터나 IC, 변압기 등으로 만든 인버터 회로가 건전지의 전압을 높인다.

형광등이 정전기에 빛을 내는 이유는 수천에서 1만 볼트 정도의 전압을 손쉽게 내는 정전기가 순간적으로 아크 방전과 같은 효과를 일으키기 때문이다.

[참고문헌]
야마다 요시하루, 「빨대 검전기를 가지고 놀자」 《RikaTan(과학 탐험)》 2007년 11월호.

지렛대로
지구를 들어 올리려면
몇 년이 걸릴까

지렛대 원리의 응용에 뛰어났던 아르키메데스

"지렛대를 사용해 지구도 들어올릴 수 있다."라고 호언장담한 사람이 있다. 고대 그리스의 과학자이자 수학자, 기술자로 유명한 아르키메데스다.

아르키메데스는 시칠리아 섬 시라쿠사 출신으로, 시라쿠사의 왕 히에론과는 친척 관계였다. 그 히에론 왕 앞에서 "내게 받침점(지렛목)을 주시오. 그러면 지구를 들어올려 보이겠소."라고 말한 것이다. 이 말에는 왕도 신하들도 모두 놀랐다. 모두가 아르키메데스는 허풍쟁이라고 생각했다.

지렛대의 반비례 법칙

내게 받침점을 주시오.

그 후 제2차 포에니전쟁이 일어나자 아르키메데스는 조국 시라쿠사를 위해 지렛대를 활용한 각종 무기를 고안해냈다. 아르키메데스의 이야기를 과학적으로 고찰해보자.

지렛대로 지구를 움직일 수 있을까?

그렇다면 실제로 사람 한 명이 지렛대를 사용해 지구상에서 지구와 질량이 같은 물체를 들어올릴 수 있을까? 물론 받침점은 준비되어 있으며, 튼튼하면서 매우 가볍고 긴 막대도 있다고 가정한다.

지구의 질량은 약 6,000,000,000,000,000,000,000,000kg이다. 사람이 60kg의 물체를 들어올리는 데 필요한 힘(약 600N)으로 지렛대를 계속 누를 수 있다고 가정하자. 이 물체를 들어올리려면 물체와 지렛대가 닿아 있는 점에서 받침점까지의 거리가 1mm라고 해도 받침점에서 사람이 누르는 위치까지의 길이가 100,000,000,000,000,000km인 지렛대가 필요하다. 지구가 문제가 아니라 태양계(지름은 150억 km)조차도 돌파하는 길이다. 그러므로 우주 공간에 발을 디딜 곳이 있다고 가정하고 그곳에서 이 막대를 누른다고 생각하자.

이제 지구와 질량이 같은 물체를 딱 1mm만 들어올려 보자.

이 물체를 들어올리기 위해서는 지렛대를 얼마나 눌러야 가능할까. 무려 100,000,000,000,000,000km의 거리만큼 계속 눌러야 한다. 평범한 사람은 대략 1초 동안 100N의 힘(10kg의 물체를 들어올리는 데 필요한 힘)을 내서 1m의 거리를 움직일 수 있다. 이 경우는 600N의 힘을 계속 내므로 1초 동안 6분의 1미터, 즉 0.16667m의 거리를 움직일 수 있을 것이다.

지구를 1mm 들어올리는 데 걸리는 시간은 약 19조 년!

1초에 0.16667m씩 지렛대를 누른다고 해도 앞에서 이야기한 엄청난 거리를 계속 누르려면 600,000,000,000,000,000,000초라는 시간이 걸린다. 쉬지 않고 계속 누르더라도 약 19조 년이 걸리는 것이다. 지구상에서 지구와 같은 질량의 물체를 1mm 들어올리는 데 이만큼의 시간이 걸리므로 아르키메데스의 이야기는 현실적이지 못하다. 어디까지나 이론적인 이야기라고 생각하자.

인류는
영구 기관을
꿈꾼다

에너지 없이 움직이는 영구 기관을 향한 도전

영구 기관을 향한 도전의 역사는 에너지 보존 법칙 등의 자연법칙이 확립된 역사이기도 하다. 특허국이 '발명'으로 취급하지 않는다고 하는 영구 기관이지만, 지금도 끊임없이 영구 기관이 발표되어 특히 출자자(기업이나 투자가)들의 마음을 사로잡고 있다.

영구 기관은 외부에서 에너지를 받지 않고, 즉 전기 등의 에너지원을 사용하지 않고 계속 일하는 장치다. 만약 이런 장치가 있다면 자원 고갈을 걱정하지 않아도 되고 석유나 석탄을 태울 때 생기는 이산화탄소나 대기 오염 가스를 신경 쓸 필요도 없어진다.

아르키메데스의 나선(양수기)

인류는 이런 장치를 오랫동안 꿈꿔왔다.

예를 들어 고대 그리스 시대에 활약한 아르키메데스가 발명했다고 하는 '아르키메데스의 나선'이라는 영구 기관이 있다. 이것은 양수 펌프인데, 한쪽 끝을 물속에 담그고 인력으로 나선을 돌리면 아래쪽의 물이 나선형의 빈 공간을 통해 위로 올라온다. 그러면 위로 올라온 물은 낙하하면서 수차를 돌리고, 그 수차의 회전 동력으로 다시 나선이 돌아간다. 처음에 한 번만 사람의 힘으로 물을 끌어올린 뒤에는 인력을 사용하지 않아도 이 과정이 반

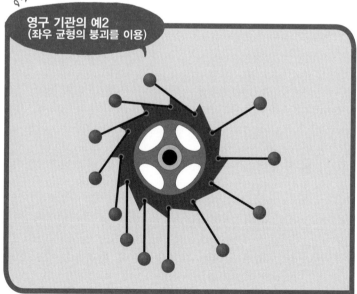

영구 기관의 예3
(모세관 현상을 이용)

복되며 계속 물을 끌어올릴 수 있다는 것이다.

　이 나선이 영원히 작동하려면 처음에 사람이 끌어올린 물로 수차를 돌릴 때 끌어올린 물이 지닌 에너지가 조금의 낭비도 없이 전부 수차를 돌리는 데 사용되며 수차의 회전에 따른 에너지도 전혀 낭비 없이 물을 끌어올리는 데 사용되어야 한다. 그러나 실제로는 처음에 끌어올린 물의 에너지 중 일부만이 수차를 돌리는 데 사용된다. 또 수차의 회전으로 물을 끌어올릴 때도 열의 발생 등 에너지 낭비가 생긴다. 따라서 얼마 안 있어 움직임을 멈추고 만다.

그렇다면 예 1~3과 같은 영구 기관은 어떨까?*

예 2는 시계 방향으로 기관을 회전시키면 위쪽에서 추가 달린 막대가 쓰러져 받침점에서의 거리가 멀어지며, 이에 따라 기관의 오른쪽이 더 무거워져 영원히 회전이 계속된다는 이론이다. 그러나 실제로는 기관의 왼쪽에 위치하는 추의 수가 더 많아져 좌우의 균형이 잡히기 때문에 기관은 멈추고 만다.

모세관 현상을 이용한 영구 기관도 있다. 모세관 현상은 가는 관을 액체 속에 세우면 액체가 관 안에서 상승해 외부의 액체보다 높아지거나 하강해 낮아지는 현상이다. 목욕탕에서 타월을 늘어트려 절반을 욕탕에 담그면 물에 젖지 않은 위쪽 부분도 젖기 시작하는데, 이것도 모세관 현상이다. 모세관 현상에 따라 가는 관을 타고 올라간 물이 낙하하면서 시계 반대 방향으로 물의 흐름이 발생한다. 이때 물이 낙하하는 곳에 수차를 설치하면 수차를 돌려 일을 할 수 있다.

그러나 실제로는 조건에 따라 다르기는 하지만 모세관 현상으로 상승한 물이 계속 관 밖으로 떨어지는 일은 일어나지 않는다.

---

* 일본 위키백과 '영구 기관' 항목. 그림3·그림4 인용.
http://http://ja.wikipedia.org/wiki/永久機関 위키백과의 해설에는 문제가 있는 것도 있지만 이 항목은 참고가 된다.

혹시 영구 기관이 아닐까?

과학의 역사에는 '혹시 영구 기관이 아닐까?'라고 생각되었던 것이 있다. 이탈리아의 물리학자 알레산드로 볼타(Alessandro Volta, 1745~1827)가 발명한 전퇴(電堆, 영어로는 pile)로, 구리판과 주석판(혹은 아연판) 사이에 소금물에 적신 천을 끼워넣으며 수십 단을 쌓아올린 것이었다.

당시 구리판과 주석판의 접촉으로 전기가 발생하는 것이라는 접촉설과 화학작용으로 전기가 발생하는 것이라는 화학작용설이 있었다. 만약 구리판도 주석판도 변화하지 않고 전기가 발생한다는 접촉설이 맞는다면 영구 기관으로 생각할 수 있었다. 그러나 볼타의 전퇴는 오래 사용하면 금속이 부식됨이 밝혀졌다.

또 영국의 물리학자인 마이클 패러데이(Michael Faraday, 1791~1867)는 마찰전기와 루이지 갈바니(Luigi Galvani, 1737~1798) 동물전기*, 열전기**, 전자유도로 발생한 전기 등을 생리작용, 자침의 흔들림, 전기 화학작용과 비교해 "모두 똑같으며 단지 세기가 다를 뿐이다."라는 결론을 내렸다. 또 볼타의 전퇴에 대해 접촉

---

*　　불로냐 대학의 해부학 교수였던 갈바니는 실험실에서 개구리의 다리를 절개하다가 개구리 뒷다리 근육이 수축한 이유가 개구리 자체에서 만들어진 전기 때문이라고 생각했다. 그는 이 전기를 '동물 전기'라고 불렀으며 동물의 뇌에서 전기가 만들어져 신경을 통해 근육으로 흘러들어간다고 설명했다.

**　　두 가지 금속을 이어서 회로를 만들고 그 이어진 두 끝의 온도를 각각 다르게 할 때 이 회로 속에 생기는 전기.

설이 맞는다면 "무(無)에서 힘(에너지를 의미함)을 얻게 된다. 그러나 전기뱀장어조차 힘을 발생시키려면 다른 힘을 소비해야 한다. 우리는 화학 에너지를 전기 에너지로 바꾸고, 또 전기 에너지를 화학 에너지로 바꿀 수 있다."라고 말했다.*

열역학 제1법칙과 제2법칙이 확립되다

이와 같이 '혹시 영구 기관이 아닐까?'라고 생각되는 현상에 대한 과학적인 탐구가 계속되었는데, 수많은 영구 기관이 시도되었지만 결국은 무엇 하나 성공하지 못했다. 그 결과 '효율 100% 이상의 장치(제1종 영구 기관)는 만들 수 없다.'라는 사실이 명백해졌다. '입력한 에너지보다 출력한 에너지가 커질 수는 없기' 때문이다.

이것이 열역학 제1법칙(에너지 보존의 법칙과 등가)이다.

또 에너지 보존 법칙은 만족하더라도 '열원에서 얻은 열에너지를 다른 형태의 에너지로 완전히 전환하는 장치(제2종 영구 기관)는 만들 수 없다.'라는 사실도 명확해졌다. '일반적으로 열 현상은 불

---

* 　　 아오키 구니오(青木国夫), 「전지야말로 영구 기관이다」, 『착각의 과학사(思い違いの科学史)』, 아사히신문사.

가역적이다.' 즉 '열기관이 100%의 효율로 열을 일로 전환할 수는 없다.'라는 열역학 제2법칙이다. 만약 이런 장치를 만들 수 있다면 바다나 대기의 열에서 에너지를 무한히 만들 수 있게 된다.

영구 기관 탄생을 꿈꾸던 수많은 도전은 헛수고로 끝났지만, 그 결과 에너지 보존 법칙 등의 자연법칙이 확립된 것이다.

그러나 자연법칙에는 어딘가 시대를 초월해 인간의 본성에 숨어 있는 반골 기질을 불러내는 힘이 있는 듯하다. 끊임없이 밀려드는 영구 기관의 특허 신청에 시달리던 미국 특허 상표국은 "앞으로 이런 종류의 특허를 신청할 때는 실제로 움직이는 모형을 첨부해야 한다."라고 선언했다.* 또 일본 특허청도 '발명'에 해당하지 않는 유형으로 다음의 항목에서처럼 영구 기관의 예를 들었다.

"(3) 자연법칙에 반하는 것

발명을 특정하기 위한 사항에 열역학 제2법칙 등의 자연법칙에 반하는 수단(예: 이른바 '영구 기관')이 극히 일부라도 이용되었을 경우, 청구항과 관련된 발명은 '발명'에 해당하지 않는다."

일본에서 영구 기관을 출원한 사례는 있지만 심사를 통과해 특허가 성립된 것은 없다.

---

* 　　제임스 트레필(James Trefil), 「영구 기관」, 『자연의 법칙 백과(自然のしくみ百科)』, 마루젠(丸善).

'무(無)에서 에너지를 만들어내는' 장치는 속임수다

신문이나 텔레비전 등에서 영구 기관에 대한 뉴스가 나올 때가 있다. 오래된 사례로는 19세기 말에 존 워렐 킬리(John Ernst Worrell Keely, 1837~1898)가 발명한 '킬리 모터'가 있다. 원자와 원자 사이에 있는 에테르에서 거대한 힘을 추출한다면서 전원을 연결하지 않고 모터를 돌려 보인 그는 출자자들로부터 거액을 끌어모았다. 그러나 그가 죽은 뒤 마루 밑에서 압축 공기를 사용한 장치가 발견되어 속임수임이 밝혀졌다.[*]

일본에서도 2001년에 TV도쿄의 '신에너지 혁명'이라는 방송에서 미나토 고헤이(湊弘平) 씨가 개발한 자력 회전 장치를 다뤘다. 그는 영구 자석을 원반에 배열하고 흡인력과 반발력을 조절해 영구 자석에서 에너지를 추출하는 장치라고 설명했다. '무(無)에서 에너지를 만들어내는' 장치이므로 이것이 진짜라면 세계의 에너지 문제는 해결되겠지만……. 자석의 자력이 이런 '발명가'나 과학을 잘 모르는 기자와 방송 제작자들의 상상력을 자극하는 모양인지, 수상쩍은 장치에는 자석이 종종 사용된다.

1900년대에도 이런 장치가 텔레비전 등에서 보도된 적이 몇

---

[*] 아서 오드흄(Arthur W.J.G. Ord-Hume), 『영구 운동의 꿈(永久運動の夢)』, 아사히신문출판.

번 있다. 물론 과거의 영구 기관과 마찬가지로 실제로는 입력보다 커다란 출력을 내지 못했다. 때로는 그런 것을 '세기의 대발명'이라며 대대적으로 보도하는 신문이나 텔레비전이 있기 때문에 출자자 모집이나 주가 조작에 영구 기관이 이용되고 있는 듯하다.

이와 같은 '무에서 에너지를 만들어내는' 장치는 프리에너지 머신이라고도 불린다. 프리에너지란 '어떤 공간에 가득 차 있다고 생각되는 아직 발견되지 않은 미지의 에너지'를 가리킨다. 이 에너지를 추출하자는 것이다. 프리에너지를 연구하는 사람들은 에너지 보존 법칙이 방대한 경험을 통해 확립되었다는 점, 즉 경험칙이라는 점에 착안해 "에너지 보존 법칙을 거스르는 현상이 있어도 이상하지 않다."라고 주장한다. 그러나 그런 부류의 장치가 '무에서 에너지를 만들어낸' 예는 확인되지 않았다. 에너지 보존 법칙을 더욱 굳건한 법칙으로 만들어줄 뿐이다.

최근에도 2008년에 '물의 에너지로 주행하는 자동차'가 보도되었다. 어떤 에너지도 사용하지 않고 물을 연료로 삼을 수 있다면 그것은 현대의 영구 기관이라고 할 수 있을 것이다. 이 자동차는 물과 공기로 연료 전지를 작동시켜 달린다고 하는데, 실제로는 물에 금속을 넣어 반응시킴으로써 수소를 만들고 그 수소를 연료 전지의 연료로 사용하는 방식이었다. 결국 금속이 지닌 에너지를 이용하는 것으로 물이 연료가 된 것은 아니었다.

옛날부터 과학 지식이 부족한 투자자들에게서 돈을 끌어모으는 수단으로 이런 장치가 자주 이용되었다. 그들은 물을 연료(기름)로 바꾸는 기술, 쓰레기를 장치에 넣기만 해도 등유로 바꾸는 기술, 입력보다 출력 에너지가 큰 모터 등으로 돈을 끌어모았다. SF 작가인 야마모토 히로시(山本弘) 씨는 "프리에너지의 역사는 사기의 역사라고 해도 과언이 아닐 만큼 오래전부터 프리에너지를 둘러싸고 셀 수 없이 많은 트릭과 허풍, 사기가 횡행해 왔다.*"라고 말했는데, 나도 이 말에 동감한다. 인간의 꿈을 자극하는 트릭이나 허풍, 사기에 걸려들지 않도록 주의하자.

*   야마모토 히로시, 「공간에서 무한히 에너지를 추출하는 장치는 이미 발명되었다!?」, 『99가지 초현실적 현상의 진상(トンデモ超常現象99の真相)』(토학회 (と学会) 저), 요센사 (洋泉社)

1941년의 '방사성 식염' 소동

'과학자가 꿈꾸는 미래의 전쟁'

1920년대부터 1940년대 초반에 걸쳐 대중적인 과학 서적을 다수 내놓은 다케우치 도키오(竹内時男)라는 물리학자가 있었다. 마지막 직함은 도쿄공업대학의 조교수이자 이학박사였다. 필자에게는 1939년에 초판이 나온 다케우치 씨의 『백만 명의 과학(百万人の科学)』이라는 책이 있다. 예전에 중고 서점에서 구입한 것이다. 중일 전쟁(1937년 발발) 때 간행된 영향 때문인지 이 책에는 「과학자가 꿈꾸는 미래의 전쟁」이라는 항목이 있는데, 여기에는 다음과 같은 제안이 적혀 있다.

- 고대부터 무기는 주로 철제이므로 커다란 코일에 수천, 수만 암페어의 큰 전류를 흐르게 해 만든 강력한 자석으로 무기 또는 무기를 들고 있는 사람을 빨아들이거나 탄환의 궤도를 바꾼다.
- 커다란 오목 거울로 태양 빛을 적진에 반사한다. 사람은 눈이 멀고 철은 녹는다.
- 빠르게 흐르는 물에 고압의 전류를 흐르게 해 적진으로 흘려 보낸다. 적군은 전류에 감전사한다.
- 병사가 탄 비행 전차라는 병기를 성층권에 띄운다. 하늘에서 홀연히 괴물이 내려와 아수라왕처럼 적의 후방을 쑥대밭으로 만든다.

지금 생각하면 황당무계한 것도 많지만, 과학자가 이렇게 전쟁에 진지하게 임했다는 사실만으로도 등골이 서늘해진다.

제2차 세계대전에 실현한 풍선 폭탄

다케우치 씨는「과학자가 꿈꾸는 미래의 전쟁」에서 이렇게 말했다.

"전쟁은 당연히 비참하다. 도의(道義) 전쟁 같은 것을 하고 있으니까 전쟁이 일어날 기회가 언제라도 생기는 것이다. 적국의 사람을 한 명도 남기지 않고 죽일 수 있는 무기가 나타나지 않는 한 전쟁은 영원히 사라지지 않을 것이다.", "(독가스나 세균 살포)전법은 비열하다면 비열한 수단이다. 그러나 전쟁 자체가 원래 가장 비인도적인 행위이므로 어쩔 수 없다.", "전쟁은 과학 싸움이다. 실제로 활용할 수 있는 과학의 경연장으로 봐야 할 것이다."

이것을 보고 바로 떠오른 것이 풍선 폭탄이다. 제2차 세계대전 당시 패색이 짙어진 일본군이 채용한 아이디어로, 미국 본토를 공격하기 위해 폭탄을 매단 기구(풍선)를 제트기류(편서풍의 흐름)에 실어 날려 보내는 무기였다. 당시 일본군이 미국 국내의 혼란을 노리고 미국 본토를 공격하기 위해 만든 비밀 무기였던 것이다. 1944년 가을부터 1945년 봄에 걸쳐 약 9,000개를 날렸으며, 이중 10% 정도가 미국 본토에 도착한 것으로 추정된다.

당시 밤낮으로 상공의 기류 흐름을 연구해, 겨울에 시속 200km가 넘는 서풍이 불고 있음을 확인했다. 그리고 이 바람을 이용해 풍선 폭탄으로 미국 본토를 공격하는 작전, 일명 '후고우(ふ号)작전'이 계획되었다.

그런데 수소를 넣은 기밀성 높은 기구에 폭탄을 매달아 하늘에 띄우면 알아서 미국에 도착할까? 그렇지 않다. 기구를 멀리까지 확실히 날리려 할 때, 문제는 밤이다. 기온 저하로 기구가 작아져 부력이 약해지기 때문이다. 또 수소도 조금씩 새어나간다.

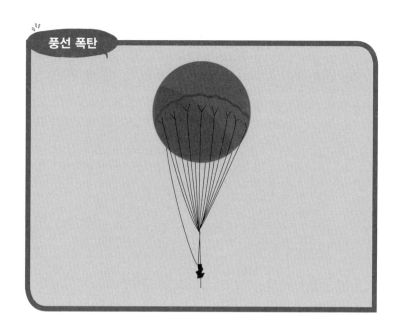

풍선 폭탄

따라서 부력이 약해지면 자동으로 추를 떨어트려 고도를 유지
하는 장치가 필요하다. 풍선 폭탄에는 기압계로 기압 변화를 감
지해 회전판을 톱니 한 개만큼 돌리는 장치를 달았다. 이 장치는
고도가 떨어지면(기압이 올라가면) 전기 스위치가 켜져서 모래 추
의 끈을 태워 끊었다.

미국이 가장 두려워한 것은 풍선 폭탄에서 전염성 세균 등이
살포되는 일이었다. 그래서 지질학자에게 추로 사용된 모래의
분석을 의뢰했다. 모래에 포함된 광물의 비율을 통해 모래 추의

제조지가 일본의 다섯 곳으로 압축되었고, 미군은 정찰기를 날려 방류지를 찾아냈다. 그래서 전쟁 말기에는 풍선을 날려도 상승 도중에 미군기에 거의 격추되었다.

다케우치 도키오는 어떤 사람이었나?

『백만 명의 과학』을 읽고 이 저자가 어떤 사람일까 하는 호기심이 일었다. 구글에서 검색해보니, 파서블도 서점이라는 비영리 가상 서점 사이트에 다음과 같은 문의사항이 올라 있었다.

"다케우치 도키오라는 인물을 아십니까?

파서블도 서점의 '복각 작품' 선반에 꽂혀 있는 작품의 저자인데, 사실은 이 다케우치 도키오라는 사람이 어떤 분인지 전혀 알지 못합니다.

다이쇼 시대(大正時代, 일본의 다이쇼 덴노의 재위 기간인 1912년부터 1926년까지)에 고등공업학교 교수였으며 당시 첨단적인 학설을 널리 소개한 인물로서 1944년(추정)에 사망했다는 것밖에 모릅니다."

그리고 이어서 다음과 같은 글도 있었다.

"「도쿄공업대학의 전후 대학 개혁에 관한 역사적 연구」라는 학위 논문의 pdf 파일을 보면 다케우치 도키오 씨는 1918년에 도

쿄고등공업학교의 교수로 취임했고 1930년에 도쿄공업대학의 물리학과실 조교수로 승진했습니다. 그리고 10년 뒤인 1940년에는 건축학과의 조교수가 된 듯합니다. 물리학 선생에서 건축학과의 선생이 되었다니 매우 흥미로운 일인데, 그 원인은 다케우치 씨가 휘말린 물리학계의 대논쟁에 있는지도 모르겠습니다."

좌담회 기록인 「수물학회의 분리와 두 개의 과학」(1995년)을 읽으면 '인공 방사능'에 관한 이야기가 나온다. 이것은 '인공 라듐 특허'에 관한 논쟁으로, 다케우치 씨가 방사선을 쬐면 식염이 방사능을 띤다는 실험 결과를 발표한 뒤 이를 검증한 학자가 "실험은 엉터리였으며 완전한 허위 발표다."라고 공격한 것이다.

좌담회 「수물학회의 분리와 두 개의 과학」에서 다케우치 씨의 이름이 나온 부분을 읽으면 당시의 그에 대한 평가를 알 수 있다. 여기에서 후세미 고지 나고야 대학 명예교수(伏見康治, 1909~2008)는 다음과 같이 말했다.

"굉장히 머리가 좋은 사람이었습니다. 그는 새로운 문헌을 아주 빠르게 머릿속에 집어넣는 사람이어서, 당시 신문사의 과학부 기자들은 뭔가 새로운 것이 나오면 제일 먼저 다케우치 씨에게 달려갔습니다. 다케우치 씨의 이름이 거의 매주 신문에 나왔지요."

방사성 식염(인공 라듐)이란 무엇일까?

『백만 명의 과학』에 '방사성 식염'이라는 항목이 있다. '방사성 식염'이라는 이름을 붙인 사람은 다케우치 씨다.

1930년대에 미국의 어니스트 로렌스(Ernest Orlando Lawrence, 1901~1958)가 '사이클로트론(입자 가속기의 일종. 로렌스가 만든 것이 최초)'이라는 장치를 만들어 다양한 방사성 핵종을 제조했다. 로렌스는 사이클로트론으로 만든 인공 방사성 핵종을 사용해 병을 치료하거나 진단하려는 시도를 시작했다.

다케우치 씨는 가난한 연구실에서는 대규모 장치를 사용하기가 어려우므로 라듐을 이용해 방사성 식염을 만들어냈다고 주장했다. 식염을 라듐에 노출시켰더니 방사능을 띠었다는 것이다.

학회에서 벌어진 대논쟁

다케우치 씨는 수물학회(일본 물리학회의 전신)의 정례회의에서 자주 발표를 한 듯하다. 그중에서도 'On the Radiation of the Common-Salt Irradiated by Ra-Cells(일반 소금에 라듐의 감마선을 조사하자 방사선을 내다)'라는 제목으로 방사성 식염(인공 라듐)에 관해 발표했을 때는 평소에 10명 정도밖에 참석하지 않는 정례회의에 400여 명이 모였다고 한다(1941년 6월). 회의장의 정원이 100명가량에 불과해 회의장 안에 들어가지 못하고 창밖에서 발표를 듣는 사람도 있을 정도였는데, 이날 발표에서는 특히 이화학연구소 니시나 연구실의 이시이 치히로(石井千尋) 학사와 벌인 논쟁이 화제를 불러모았다.

이시이 씨의 비판은 다음과 같았다.

- 다케우치 박사의 실험에서 계수관을 사용한 계측에 통계학적인 결함이 있다.
- 다케우치 박사의 실험이 올바른 것이었다고 해도 그것은 라돈이 라듐 용기에 부착되어 식염에 혼입된 것으로 보인다.
- 라듐의 감마선에 따른 방사능이라는 논리적인 근거가 희박하다.
- 다케우치 박사의 주관적인 주장이며 객관성이 없다.

결국은 실험이 허술해서 라돈이 식염에 혼입(contamination)된 것이라는 데 의견이 모아졌다.

후세미 고지 교수는 "이론만을 전개하면 좋았을 텐데 실험을 한 겁니다. 식염에 감마선을 쬐면 그것이 방사능을 띤다고 말한 것이지요. 다케우치 씨는 그 뒤에 돌아가셨습니다. 너무들 괴롭혔어요."라고 말했다.

이 논쟁은 시중에서도 화제가 되었던 듯, 소설가 미야모토 유리코(宮本百合子, 1899~1951)가 쓴『옥중으로 보내는 편지(獄中への手紙)』(8월 21일, 제36신)에도 그것에 대한 이야기가 나온다.

"호그벤(Lancelot Hogben, 1895~1975)의『백만 명의 수학』이 소개되자마자 일본에서도『백만 명의 수학』이라는 책이 나왔어요. 나쁜 책이라며 비난받기도 했던 책인데요, 그 책을 쓴 다케우치 도키오라는 공업대학 교수가 이번에는 과학에 손을 댔는데, 이정도면 괜찮다 싶었는지 '인공 라듐'이라는 걸 특허국에 청원해서 허가가 났어요. 의료용으로 말이에요. 그런데 그 인공 라듐에 대해 학계에서 엄청난 비난이 일기 시작하더니, 평소에 그렇게 사이가 안 좋던 물리와 수학, 화학, 기타 등등의 전문가들이 손을 잡고 물리학계의 정례회의에서 토론을 벌여 다케우치 도키오라는 사람이 사이비 학자임을 만천하에 폭로했어요. 이 일에 대해 일반인들이 보인 뜨거운 관심과 반응은 굉장히 흥미로웠어요. 거짓말에 진력이 났었거든요.

게다가 신문인가 어딘가에 가십이 실렸는데, 요즘 그 사람의 연구실에 조수가 없어서 어려움을 겪고 있다는 거예요. 그걸 보고 크게 웃었답니다. 아니, 아직도 계속 교수라니 놀랄 지경이에요. 잘도 교수 노릇을 하고 있네요. 학문적인 능력도 없고 근성도 없고 최악의 스캔들까지 일으켰으면서 말이지요."

라듐을 암 치료에 쓰던 당시의 방사선 의학 상황

당시는 라듐이 발견되면 그것을 의료에 사용하려고 생각했다. 라듐은 암 등의 치료에 사용되었다. 자궁암, 인두암, 식도암 등에 대해서는 몸속에 라듐 선원(線源)을 넣어 환부를 조사(照射)하는 치료 방법을 실시했다. 일본에서도 1934년에 미쓰이 재벌이 라듐 5g을 수입해 암 연구회 병원에 기증했다. 이때의 라듐 구입 비용은 당시 돈으로 100만 엔이었는데, 지금의 가치로 환산하면 수억 엔이나 되는 고액이다.

라듐을 사용한 치료법의 흐름은 다음과 같다.

1898년 라듐의 발견

1907년 도미니치가 초투과성 방사선 요법을 발견

1930년내 맨체스터법 개발

프랑스의 헨리 도미니치(Henri Dominici, 1867~1919)는 라듐을 납이나 백금으로 감싸서 감마선만을 조사해 암을 치료하는 방법을 고안했다. 또 자궁경부암의 라듐 요법에 선량 분포 개념을 도입하고 엑스선 조사도 조합해 성공한 것이 맨체스터법이다.

다케우치 씨는 외국의 문헌을 읽고 이런 방사선 의학의 상황을 알았던 것이리라. 그는 저서에서 방사성 식염을 사용한 시부야 의학박사의 의학적 연구 결과를 소개했다. 이 방사성 식염으로 생리적 식염수를 만들어 생쥐의 비장 조직을 배양하고 생쥐의 정맥에 주사한 결과 '현저한 효과'가 있었으며 "어떤 종류의 치료에 사용될 가능성이 명백해졌다."라고 썼다.

라듐은 고가이지만 동일한 효과가 있는 방사성 식염을 얼마든지 만들어낼 수 있다면……. 다케우치 씨는 이런 꿈을 실현했다는 생각에 특허를 얻으려 했던 것이고, 그런 시도가 물리학계에 커다란 센세이션을 불러일으켰던 것이다.

여기에까지 생각이 미치자 다케우치 씨가 어떤 죽음을 맞이했는지 걱정이 되었다.

혹시 알고 계신 분이 없을까?

맺음말

호기심으로 가득한 과학 탐험의 길잡이

내가 좋아하는 과학자 중에 패러데이가 있다. 패러데이는 물리학과 화학에서 역사에 길이 남을 연구 성과를 올린 훌륭한 과학자였다. 오늘날 전등이나 형광등 같은 등이 있어서 어두운 밤에도 생활할 수 있게 된 것은 전기의 덕분인데, 발전소의 원리인 전자기 유도를 발견한 사람이 바로 패러데이다.

수학이 서툴렀던 그는 뛰어난 직관력과 실험으로 사물이나 현상 속에 숨어 있는 법칙을 간파했다. 그는 가난한 대장장이의 아들로 태어나 초등학교를 졸업한 뒤 12세에 책방과 제본소를 겸한 가게에 제본공으로 들어갔다. 그곳에서 제본 기술을 익히면서 제본 공정에 들어오는 책을 모조리 읽었다. 특히 자연과학 서적에 흥미를 느껴, 용돈으로 실험 재료와 기구를 사서 책을 참고하며 여러 가지 실험을 했다.

마침내 영국 왕립 연구소의 연구원이 된 그는 매년 크리스마스 때 실험을 포함한 과학 강연회를 열었는데, 특히 1860~1861년에 실시한 6회에 걸친 연속 강연이 유명하다. 그 강연의 내용은『양초 한 자루에 담긴 화학 이야기』라는 책에 정리되어 있다. 백 수십여 년 전에 촛불과 연소에 대해 지금도 그 빛이 바래지 않을 만큼 과학적인 탐험을 한 것이다.

나는 처음 런던을 방문했을 때 그 강연이 열린 장소와 그의 실험실을 견학했다. 당시 그곳에는 그의 조용한 강연, 내용과 조화를 이루는 실험의 시연, 물 흐르는 듯한 이론 전개에 이해와 경탄의 탄성을 터트리는 청중의 모습이 있었을 것이다.

학교에서 배우는 과학의 내용을 어떻게 할지, 가르치는 방식과 수업 방법을 어떻게 할지를 전문으로 연구해왔기 때문에 "과학은 재미없어!"라는 말을 들으면 무척 속이 상한다. 분명히 무미건조하고 따분한 내용을 암기하기만 하는 과학은 재미가 없을 것이다. 그래서 패러데이의 호기심으로 가득한 과학 탐험을 의식하며 이 책을 써내려갔다.

최첨단 과학이 아니라 과학의 기본에 해당하는 내용도 이렇게 재미있다는 사실을 조금이라도 알리는 데 보탬이 되었다면, 그 것만으로도 충분히 보람을 느낄 것이다.

참고문헌

1. 호그벤(Lancelot Hogben) / 이시하라 아쓰시(石原純) 감수,『시민의 과학 상권(市民の科学 上卷)』, 일본평론사(日本評論社), 1942년

2. 다케우치 도키오(竹内時男),『백만 명의 과학(百万人の科学)』, 산쿄서원(三教書院), 1939년

3. 페렐만(Grigory Yakovlevich Perelman) / 후지카와 겐지(藤川健治) 옮김,『재미있는 물리학(おもしろい物理学)』, 사회사상사〈현대교양문고〉, 1948년

4. 페렐만 / 후지카와 겐지 옮김,『속 재미있는 물리학(続·おもしろい物理学)』, 사회사상사〈현대교양문고〉, 1970년

5. 페렐만/ 후지카와 겐지 옮김,『속속 재미있는 물리학(続続・おもしろい 物理学)』, 사회사상사〈현대교양문고〉, 1970년

6. 사마키 다케오 편저,『즐거운 과학 이야기(たのしい科学の話)』, 신세 이출판(新生出版), 1984년

7. 이와사키 다카미치(岩崎敬道)·사마키 다케오 편저,『과학 교실: 과학 토론(물리·화학)(科学の教室 サイエンス・ゼミ(物理·化学))』, 신세이출판, 1986년

8. 사마키 다케오 편저,『즐거운 과학책 물리·화학(たのしい科学の本 物 理·化学)』, 신세이출판, 1996년

9. 사마키 다케오 편저,『맨얼굴의 과학지: 과학이 가장 친밀해지는 42가 지 일화(素顔の科学誌:科学がもっと身近になる42のエピソード)』, 도 쿄서적(東京書籍), 2000년

10. 사마키 다케오 대표 집필,『새로운 과학 교과서: 현대인을 위한 중학 과 학1(新しい科学の教科書:現代人のための中学理科 1)』, 분이치종합출 판(文一総合出版), 2004년

11. 기리시마 마사히로(杵島正洋)·마쓰모토 나오키(松本直記)·사마키 다 케오 편저,『새로운 고교 지학 교과서(新しい高校地学の教科書)』, 고단 사(講談社)〈블루백스〉, 2006년

12. 사마키 다케오/ 정난진 옮김,『3일 만에 읽는 물리』, 서울문화사, 2008년

13. 사마키 다케오(편집장),《RikaTan(과학 탐험)》지

재밌어서 밤새 읽는
물리 이야기

1판 1쇄 발행 2013년 6월 5일
1판 17쇄 발행 2024년 2월 28일

지은이 사마키 다케오
옮긴이 김정환
감수자 정성헌

발행인 김기중
주간 신선영
편집 민성원 백수연 정진숙
마케팅 김신정 김보미
경영지원 홍운선
펴낸곳 도서출판 더숲
주소 서울시 마포구 동교로 43-1 (04018)
전화 02-3141-8301~2
팩스 02-3141-8303
이메일 info@theforestbook.co.kr
페이스북·인스타그램 @theforestbook
출판신고 2009년 3월 30일 제2009-000062호

ISBN 978-89-94418-56-8 03420